锗尘中锗的
二次富集及提取

刘丽霞 著

全书数字资源

北 京

冶金工业出版社

2024

内 容 提 要

本书详细介绍了锗尘中锗的二次富集及提取，全书共分 7 章，内容包括绪论、实验方案、锗尘基础物理化学性质及造块、GeO_2 与氧化物间相互作用、锗尘中锗的二次富集研究、锗的微波湿法提取研究、结论。

本书可供稀散金属的富集提取尤其是金属锗的富集提取研究领域的科研人员、生产技术人员及教学人员阅读参考。

图书在版编目(CIP)数据

锗尘中锗的二次富集及提取／刘丽霞著 . —北京：冶金工业出版社，2024.4

ISBN 978-7-5024-9843-6

Ⅰ.①锗… Ⅱ.①刘… Ⅲ.①锗—富集 ②锗—提取冶金 Ⅳ.①TN304.1

中国国家版本馆 CIP 数据核字(2024)第 080868 号

锗尘中锗的二次富集及提取

出版发行 冶金工业出版社		**电　话** (010)64027926	
地　址 北京市东城区嵩祝院北巷 39 号		**邮　编** 100009	
网　址 www.mip1953.com		**电子信箱** service@mip1953.com	

责任编辑　王　颖　杜婷婷　美术编辑　吕欣童　版式设计　郑小利
责任校对　范天娇　责任印制　禹　蕊
北京建宏印刷有限公司印刷
2024 年 4 月第 1 版，2024 年 4 月第 1 次印刷
710mm×1000mm　1/16；9.75 印张；190 千字；148 页
定价 99.90 元

投稿电话　(010)64027932　投稿信箱　tougao@cnmip.com.cn
营销中心电话　(010)64044283
冶金工业出版社天猫旗舰店　yjgycbs.tmall.com
(本书如有印装质量问题，本社营销中心负责退换)

前　言

　　锗是最早的半导体材料，单晶锗可以用于红外检测元件的窗口材料，$GeCl_4$ 用于光纤生产，GeO_2 用于 PVC 塑料生产的催化剂。锗为七大稀散元素之一，不单独成矿，提取困难。我国锗资源稀缺，云南锗资源分为两部分：一是与铅锌矿伴生，如会泽铅锌矿；二是与褐煤伴生，如临沧褐煤；内蒙古锗资源主要与褐煤伴生。云南临沧煤矿平均锗含量高达 846 g/t，内蒙古胜利煤田（简称胜利煤田）褐煤中锗含量平均只有 245 g/t。对于褐煤中锗的提取，生产中主要利用高品位的褐煤，而低品位的褐煤经过一次富集后品位仍然偏低，提取成本高，目前利用较少，有必要研究锗的二次富集技术。

　　内蒙古胜利煤田褐煤中锗储量经过了多次勘测，每次勘测锗都有所不同，1999 年探明储量 1627 t，后期勘测锗储量为 1919 t，胜利煤田锗资源在我国占有重要地位。对于褐煤中锗的提取，首先将褐煤燃烧发电，此过程中锗挥发进入除尘系统中，经过盐酸粗蒸富集之后进行盐酸精馏提纯，得到高纯 $GeCl_4$，最后经过水解、还原、区熔、拉单晶等工艺获得一系列的锗产品。由于褐煤中锗品位低，导致该工艺还存在一些问题，比如由于褐煤中锗品位波动和褐煤燃烧过程工艺波动，导致锗尘成分波动大，锗尘中碳含量（质量分数）低的在 3% 左右，碳含量（质量分数）高的达到 8% 以上，从而锗尘品位也从 0.23% 到 0.81% 不等；锗的湿法提取过程在反应釜中进行，要求盐酸量不低于锗尘量的 4 倍，这造成 pH 低的高腐蚀性、有害性的废水，固废排放量大，废水的处理一般用石灰中和，导致有害固废量进一步增加，固废和废水排放场污染严重；由于锗尘中锗的含量低，盐酸用量大，盐酸中会溶解一定量的 $GeCl_4$，生成的部分 $GeCl_4$ 溶于盐酸，而不会在后期的蒸馏过程挥发出来，回收率偏低，目前整体回收率在71%左右。

本书针对褐煤燃烧发电后所产生的锗的一次富集物——锗尘品位低的问题进行研究，探讨了锗尘二次火法富集过程涉及的锗尘的熔化性、流动性、成球性、锗尘中物质相互作用、二次富集各工艺参数对锗回收率的影响等问题，开发了锗尘中锗的二次火法富集技术，提高湿法提取所用原料的品位，降低盐酸消耗，降低有害废弃物的排放量。由于锗尘锗含量低，实验室收集二次富集物困难，不能够对二次富集物进行盐酸浸出蒸馏提取实验，所以，本书探索了对原始锗尘采用微波加热的方式进行锗的盐酸浸出蒸馏的可行性，获得了相对传统蒸汽加热工艺更高的锗回收率。

本书中大部分实验内容是在内蒙古科技大学进行的，特别感谢内蒙古科技大学安胜利教授的精心指导，感谢内蒙古科技大学材料与冶金学院在实验期间提供的平台，感谢内蒙古科技大学王永斌、辛文彬等老师提供的支持，感谢研究生李文挺、张磊、刘宏春在实验过程中提供的帮助。

本书内容所依托的项目——含锗除尘灰中锗的选择性二次富集机理研究，得到了国家自然科学基金项目（编号：51564039）的资助。

本书在撰写过程中，参考了有关文献资料，在此向有关文献资料的作者表示感谢。

由于作者水平所限，书中不妥之处，敬请广大读者批评指正。

刘丽霞

2024 年 1 月

目 录

1 绪　　论

1.1　锗　的　简　介

锗（Ge）是七大稀散金属之一，在地壳中的含量约为 6.7×10^{-6}。锗是最早被俄国著名的化学家门捷列夫在 1872 年研究元素周期表时，预言到的一个"类硅"的元素，在硅（Si）和锡（Sn）元素间存在。并且于 1865 年被德国化学家温克莱尔在含银矿石中发现，进而确定了该元素的存在，为了纪念温克莱尔的祖国——德国，而将它命名为锗（Germanium）。锗的发现对社会的发展和人类的进步起到了无比深远的影响和意义。

锗被称为稀散金属，外形如图 1-1 所示。它作为地壳里最为分散的元素之一，在地壳里的含量为一百万分之七。在现今的自然界中，独立并且单一的锗的矿床几乎是不存在的，只有在扎伊尔地区拥有已知的一个锗矿。

彩图

图 1-1　金属锗外形图

地壳里的锗元素分布极其分散，自然界里可以独立且成矿的天然矿石很少，大多是以分散状存在于其他元素的硅酸盐与硫化矿中，因此没有可供工业开采的矿石。目前，已被发现的含锗量较高的锗矿有硫银锗矿、锗石以及硫铜铁锗矿，其含锗量分别为 5%~7%、10%以及 7%。在铁矿、铜矿、硫化物矿、某些银矿以及岩石、泉水和泥土中也都存在少量的锗元素。锗除了与铅锌矿伴生外，主要分布在煤矿床中，锗在不同种类的煤里占有量为 0.001%~0.01%。大多数煤中含有十万分之一左右的锗，即 1 t 煤里平均包含10 g 左右的锗。此外，在较大部分植物中也含有微量的锗元素，例如可药用的人（党）参植物、灵芝药草植物、白芷、芦荟、茶叶以及枸杞等。

对于金属锗，它主要以硫化物矿石、煤和高温冶金所得的中间产物或废渣为原料进行生产，有时也会从含锗的工厂副产物、炼焦工业的煤灰或烟灰中回收锗，锗在这些原料里一般以二氧化锗的形式存在。从锌与铅—锌的精炼过程中的残渣里回收锗是一种主要的方法。现代工业生产所用的锗，大多数是来自铜、铅、锌冶炼得到的次要产品当中。由于煤中含有一定量的锗，因此，煤矿也逐渐成为获取锗资源的主要来源之一。

1.2 锗 的 性 质

1.2.1 锗的物理性质

锗是浅灰色的金属元素，相对原子质量为 72.6，属于"类硅"的第Ⅳ族元素。锗金属性质较脆，具有美丽的光泽，原子价键是共价键（由电子对形成）。即使是高纯的锗，在室温下也很脆；但在温度高于 600 ℃时，单晶锗可以经受塑性变形。在实用上，锗最重要的物理性质是具有特别高的电阻。锗的导电率随着其纯度的不同而显著变化，纯度增加，导电率降低，也就是电阻增加，因此，由于锗的纯度不同，其比电阻可变化于 $0.001 \sim 60$ $\Omega \cdot cm$。锗是重要的半导体材料，半导体性质受外界的影响。锗的物理性质见表 1-1。

表 1-1　元素锗的物理性质

性质	数值	性质	数值
相对原子质量	72.6	泊松比	0.287
原子密度/$(g \cdot cm^{-3})$	4.416×10^{-22}	莫氏硬度	6.3
晶格常数/nm	0.56754	沸点/℃	2830
熔点/℃	937.4	晶体结构	面心立方

1.2.2 锗的化学性质

1.2.2.1 金属锗

在通常温度下，金属锗不与空气、氧或水起作用，甚至在 500 ℃时也基本不氧化，当温度高于 600 ℃时才开始氧化，且随温度升高而按下列反应变化：

$$Ge + \frac{1}{2}O_2 === GeO \tag{1-1}$$

$$GeO === GeO（气） \tag{1-2}$$

$$Ge + O_2 === GeO_2 \tag{1-3}$$

降低氧分压有助于 GeO（气）的挥发，增加氧分压则使锗生成 GeO_2。锗在 CO_2 中于 800~900 ℃也强烈氧化：

$$Ge + CO_2 === GeO + CO \tag{1-4}$$

锗易与碱相熔融而形成碱金属锗酸盐，如 Na_2GeO_3 等，它们易溶于水，而其他金属锗酸盐在水中溶解较少，但易溶于酸。水对锗不起作用。在浓盐酸及稀硫酸中锗也较稳定，但锗可溶于热的氢氟酸、王水和浓硫酸。锗溶于加有硝酸的浓

硫酸时会生成 GeO_2。溶于王水时则形成 $GeCl_4$。锗难溶于碱中，即使是 50% 的浓碱液锗也难溶。但当有氧化剂参与时，锗可溶于热碱液中。

1.2.2.2　锗的硫化物

锗的硫化物有 GeS、Ge_2S_3 及 GeS_2 等。

GeS 分棕色的无定形 GeS 与黑色斜方晶系的 GeS。前者可在 450 ℃和氮气气氛中经数小时而转变成晶形。GeS 在 350 ℃时开始氧化而形成 $GeSO_4$。当温度高于 350 ℃时，其氧化产物最大可能是形成 GeO_2。

$$GeS + 2O_2 \Longrightarrow GeSO_4 \tag{1-5}$$

$$GeS + 2O_2 \Longrightarrow GeO_2 + SO_2 \tag{1-6}$$

氧化初期反应较快，逐渐在 GeS 外表形成 GeO_2 膜层，妨碍继续氧化，致使氧化反应变慢。当温度升至高于 570 ℃时，GeS 氧化速度骤增，伴随产生 $GeSO_4$，但是氧化产物主要是 GeO_2。温度和气氛对挥发 GeS 有较大的影响，强烈的还原性气氛有助于 GeS 在低温下挥发；在中性气氛中 800 ℃时 GeS 的挥发较少，仅 20%，但在氢或一氧化碳等还原性气氛中锗挥发率可达 90%~98%。

晶状 GeS 是稳定化合物，在热沸的酸或碱中极少溶解。晶状 GeS 也难以被氨水、双氧水或盐酸所氧化。但当其呈粉末状时，却不稳定，而易溶于热的微碱液中，从此液中用酸中和可沉淀出红色的无定形 GeS。GeS 可溶于 $(NH_4)S_2$ 中，当加入酸时，可析出白色 GeS_2。无定形 GeS 较易溶于盐酸并放出 H_2S，它也易溶于碱式硫酸盐或碱液，而难溶于氨水、硫酸、氢氟酸和其他有机酸。一般说来，无定形 GeS 对氧化剂的稳定性较差，易于氧化，如它易被热的稀硝酸或双氧水所氧化。在 25 ℃时通入氯气，GeS 随即生成 $GeCl_4$，当温度高于 150 ℃时，GeS 与气态 HCl 相互作用甚为强烈。530 ℃时 GeS 熔化，其熔体显黑色。

Ge_2S_3 为一种棕黄色的疏松粉末，具有许多小孔与缝隙的细晶粒，728 ℃熔化。它是 GeS_2 的离解产物：

$$2GeS_2 \Longrightarrow Ge_2S_3 + \frac{1}{2}S_2 \tag{1-7}$$

Ge_2S_3 几乎不溶于所有的酸，甚至在王水内也不溶，只易溶于氨水或双氧水中。

GeS_2 为一种白色粉末，不稳定，于 420~650 ℃升华。在 700 ℃时 GeS_2 约有 15% 离解，并伴随生成易挥发的 GeS：

$$2GeS_2 \Longrightarrow Ge_2S_3 + \frac{1}{2}S_2 \Longrightarrow 2GeS\uparrow + S_2 \tag{1-8}$$

GeS_2 在潮湿的空气或惰性气氛里也会离解，到 800 ℃左右便离解完全。它在中性气氛中，当温度高于 500 ℃时即明显挥发，而在 700~730 ℃时挥发能力急剧增大。当通入空气时，GeS_2 的挥发就明显减小了。

GeS_2 在 260 ℃时发生氧化，当温度高于 350 ℃时，其氧化速度增大，450~530 ℃时，其氧化速度增长较快，580~630 ℃时，GeS_2 的氧化速度减小。然而，温度高于 635 ℃后，其氧化速度又重新增大，到 720 ℃后约 80%的 GeS_2 被氧化，其化学变化的总反应式可表述如下：

$$3GeS_2 + 10O_2 \rightleftharpoons 2GeO_2 + Ge(SO_4)_2 + 4SO_2 \qquad (1-9)$$

在 500~530 ℃所形成的 $Ge(SO_4)_2$ 的最大峰值约为 32%，而在此温度区间的前后，几乎不存在 $Ge(SO_4)_2$（因其离解了）。当温度高于 667 ℃时，$Ge(SO_4)_2$ 与 GeS_2 和氧发生相互作用而生成 GeO_2。

$$GeS_2 + Ge(SO_4)_2 + 2O_2 \rightleftharpoons 2GeO_2 + 4SO_2 \qquad (1-10)$$

GeS_2 不溶于水、酸，甚至强酸，也不溶于热沸的或冷的硫酸、盐酸或硝酸中，但 GeS_2 易溶于热碱，特别是在有氧化剂（如双氧水）的碱液中。热氨或（NH_4）$_2$S 可溶解 GeS_2 并形成相应的亚酰胺锗。

$$GeS_2 + 6NH_3 \rightleftharpoons Ge(NH)_2 + 2(NH_4)_2S \qquad (1-11)$$

$$2GeS_2 + 3(NH_4)_2S \rightleftharpoons (NH_4)_6Ge_2S_7 \qquad (1-12)$$

1.2.2.3 锗的氧化物

锗的氧化物有 GeO、GeO_2 及其水合物。

GeO 为深灰色或黑色粉末，于室温下不论是在潮湿的或干燥的空气中对氧都是稳定的。当温度高于 550 ℃后，GeO 开始氧化而形成 GeO_2，在该温度下如缺氧，则发生 GeO 的升华。在 700 ℃时 GeO 显著挥发。

GeO 略溶于水，其溶解度为 0.3×10^{-4} ~ 0.5×10^{-4} mol/L，形成酸性极弱的 H_2GeO_2。更多的研究者认为，由于 GeO 具有弱碱性，故不溶于水而易溶于酸，而在水溶液中所存在的 Ge^{2+}，是 Ge^{4+} 被还原的中间产物。GeO 在稀硫酸中的分解是很缓慢的，在 4 mol/L 的盐酸中也只微微溶解，但随着盐酸的浓度增高而溶解度增大。特别应该指出的是，GeO 难溶于碱，这与锗的其他氧化物或硫化物（除晶形 GeS 外）易溶于碱的性质相反，仅 $GeO \cdot H_2O$ 微溶于碱而形成 $MeHGeO_2$。

GeO_2 为白色粉末。GeO_2 有可溶性的六边形晶体、可溶性的无定形玻璃体与不溶性的四面体 GeO_2 三种形态。可溶性六边形 GeO_2 在长久加热下，会缓慢地转变为不溶性的四面体 GeO_2，故处理物料时，不宜长久加热。

GeO_2 在空气中的挥发性极差，而在还原性气氛中挥发却颇显著。GeO_2 于碳中加热，到 700 ℃时被还原成 GeO 而挥发。

$$GeO_2 + CO \rightleftharpoons GeO + CO_2 \qquad (1-13)$$

且这种情况随温度的升高而加剧，到高过 900 ℃时达到急剧的程度；GeO_2

在碳中的情况与在 CO 中的情况几乎相同，但于 500~600 ℃下在氢气中的情况却两样，不是还原到 GeO 而挥发，而是产出金属锗：

$$GeO_2 + 2H_2 \rightleftharpoons Ge + 2H_2O \tag{1-14}$$

只是 GeO$_2$ 在温度高于 700 ℃的氢气中时，才有部分以 GeO 形态挥发。

GeO$_2$ 是弱酸性的两性化合物。锗在炉渣中以 GeO$_4^{4+}$ 形态存在，为强酸性化合物。GeO$_2$ 可与一系列金属氧化物形成 2MeO·GeO$_2$、MeO·5GeO$_2$ 等。如 GeO$_2$ 与 Na$_2$S 及硫一起烧结，会形成 Na$_2$GeOS$_2$·2H$_2$O。这种盐的熔点为 750 ℃，但温度高于 710 ℃离解。熔融 GeO$_2$ 与碱作用生成碱性锗酸盐，该盐易溶于水。

一般 GeO$_2$ 在无机酸中的溶解度随酸的浓度增加而减小，唯在 7 mol/L、8 mol/L 及 12 mol/L 浓度的溴酸与盐酸中的溶解度最大。此外，溶液中所形成的锗不溶物也影响到 GeO$_2$ 的溶解度，如在盐酸溶液中，当酸度增至 5 mol/L 时，会形成易溶的氯络合物 GeCl$_5^-$ 及 GeCl$_6^{2-}$。而在盐酸浓度大于 8 mol/L 时，因络合物分解而形成不溶的 GeCl$_4$，导致 GeO$_2$ 的溶解度下降。

GeO$_2$ 在 NaOH 中的溶解度随 NaOH 浓度增高而增大（见表 1-2），这一性质多被利用于溶解 GeO$_2$ 物料。

表 1-2　GeO$_2$ 在 NaOH 中的溶解度　　　　　　　（g/L）

NaOH 浓度	0.0	0.05	0.1	0.2	0.4	0.5	1.0	2.0	4.0
GeO$_2$ 溶解度	4.48	4.60	5.05	5.70	7.06	7.81	11.67	17.7	23.85

1.2.2.4　锗的卤化物

锗的卤化物较多，其中较为主要的、在工业上有重要应用的是 GeCl$_4$。

GeCl$_4$ 在空气中易氧化，在 900 ℃下可被氢气还原成金属锗：

$$GeCl_4 + 2H_2 \rightleftharpoons Ge + 4HCl \tag{1-15}$$

后一性质多被利用于作涂层或作光电元件的锗膜。GeCl$_4$ 易水解，在盐酸浓度小于 6 mol/L 的情况下发生如下水解反应：

$$GeCl_4 + 2H_2O \rightleftharpoons GeO + 4HCl \tag{1-16}$$

此特性已利用于制取纯 GeO$_2$。当盐酸浓度大于 6 mol/L 后，反应向左进行而形成 GeCl$_4$，这一性质又为氯化蒸馏提纯锗的工艺所利用。GeCl$_4$ 不溶于浓硫酸，也不与其作用，氯化蒸馏之所以必须加入硫酸，是为了提高溶液的沸点与酸度。GeCl$_4$ 可溶于乙醇、CS$_2$、苯、氯仿、煤油及乙醚等。在大于 7 mol/L 的盐酸中，其溶解度随盐酸浓度的增加而减小，见表 1-3。

表 1-3 GeCl$_4$ 在盐酸中的溶解度 （mol/L）

盐酸浓度	7	7.77	8.32	9.72	12.08	16.14
GeCl$_4$ 溶解度	37	85.36	60.83	17.84	1.83	0.88

由于 GeCl$_4$ 的沸点为 83.1 ℃，与 AsCl$_3$ 在 130 ℃ 的沸点相近，故在氯化蒸馏提锗时，欲使 AsCl$_3$ 不与 GeCl$_4$ 共同蒸馏出，就要加入氧化剂如氯等把 As^{3+} 氧化为 As^{5+}。若在有碱土金属氯化物参与下，也可得到好的蒸馏效果。

1.3　锗　的　应　用

人类发现锗已经有 100 多年历史，但从 1922 年报道氧化锗对贫血病有一定治疗效果后，锗才开始被人们利用。经过 20 多年的发展，当 1948 年半导体锗晶体管发明后，锗的利用越来越受到人们重视。自此，金属锗的产量也急剧增加，2000 年，全世界的锗产量为 58 t，到了 2010 年，全世界金属锗的产量增加到了120 t。锗的利用开始只用于半导体行业，随着社会的进步和发展，锗及其化合物的利用从单一的半导体，扩展到催化剂用锗（25%）、红外光用锗（25%）、光纤用锗（30%）、电子用锗（15%）及其他用锗（5%）。其中 70% 的锗被美国和日本消耗，美国是世界上用锗最多的国家。锗及其化合物主要应用的领域如图 1-2所示。

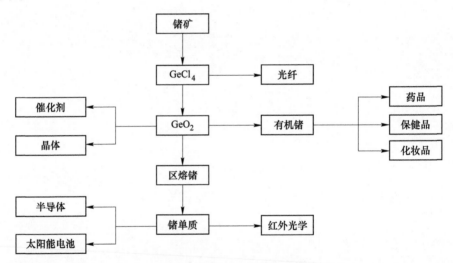

图 1-2　锗及其化合物的应用

1.3.1　锗在电子方面的应用

锗最早用于电子工业中制造生产二极管和晶体管等半导体，所用材料为单晶锗。如果把 VA 族元素掺入其中，便可得到 N 型半导体；将ⅢA 族元素掺入其中，可以得到 P 型半导体；将锗同类别的半导体材料结合为 NP 结，会使其得到整流和检波的能力；再结合为 PNP 晶体管时会得到放大能力。由于锗较多地用于生产集成电路、二极管、晶体管，所以为电子仪器小型化以及超小型化提供了极好的前提。锗整流器能在电流密度大于硒整流器的电流密度 1000 倍的情况下工作，后者的整流效率要大大低于前者的整流效率，可达到 98%～98.5%。当今可用作半导体的许多材料中，锗在整流器、晶体管和光电池器件制造业方面拥有很大的优势。伴随着电子工业快速发展，同时由于分立器件比集成电路的成长速度要慢，集成电路正在慢慢地替代半导体分立器。1970 年以前，95%以上的半导体器件都是用锗制造出来的。随着硅的应用，锗在半导体器件中的应用逐年减少，到 2000 年左右，锗在半导体器件中的应用占总用量的 5%~7%。自太阳能发电进入到第三代后，由于锗衬底电池可增加太阳能电池的光转化率，并且能够耐高温同时可使太阳能电池寿命增长，锗在半导体中的应用又开始增多，截至 2019年，锗在电子和太阳能领域的应用占 17%，锗在电子工业中还用于大功率和高频管、锗核辐射探测器、温差发电器、探测器和其他相关的光学器件。由于近些年航空航天领域和地面光伏产业取得了巨大发展，太阳能电池用锗的需求也呈现逐步增长的趋势。

1.3.2　锗在光纤方面的应用

光纤通信作为现今时代的突出名词，俨然已经是全世界各国重点发展的通信技术。光纤通信的综合特点是容量大、频带较宽、抗干扰能力强、稳定性强、保密能力强、可靠性强、损耗小，其质量、体积、成本都很小，但是中继距离偏长。

在锗的各类新型用途之中，锗在光学纤维方面的应用是最有价值和研究意义的。锗在光纤方面的应用主要用于生产掺锗（$GeCl_4$）的光导纤维，起到光纤掺杂和光电转化的作用，可以提高光纤的折射率，降低传输损耗，图 1-3 为掺锗光纤外形图。随着光纤在军用、民用市场的发展，光纤市场增长的趋势不断加强。由于光纤到户（FTTP）、4G 网建设取得巨大进步，此举将扩大光纤光缆行业对四氯化锗的需求，未来锗在光纤领域的应用总体将会继续保持快速增长的势头。现今，锗在光纤通信方面的消费量已达到了以吨记录的程度，在不久的将来，光纤通信可能发展为最快的应用领域之一。在 20 世纪 70 年代，科研人员在实验中发现了折射指数很高的二氧化锗芯玻璃纤维并将其运用于远距离通信上。二氧化锗芯纤维的光能损失很小，尤其适合远距离高频率发送要求，因此光纤通信方面的研制工作开始了快速的发展，由一开始的实验室研究扩大到了工厂研究，从小规模的实验发展到了大规模的生产。光纤中的高纯四氯化锗作为锗的原料，在加工过程中转变为二氧化锗，最后产生的高折射率的纤维芯具有远距离大容量通信的能力。据了解，日本已于近年将光纤用于电话通信中，公共电话的光纤芯部由二氧化锗组成。新投入使用的光导纤维（含锗石英玻璃）可达到约 8600 对话路，日本还计划继续扩大用于传送长途电话的光纤的容量。光纤同时拥有多路通信和同时传像的功能，在不久的将来，光纤在电子光学、医疗器械、高速摄影、电视公共天线和电子计算机等应用方面都会更加大放异彩。

彩图

图 1-3　掺锗光纤外形图

目前，推广应用光纤通信技术的关键是努力降低光缆成本，因此未来应努力向这方面发展，才能到达光纤通信的大时代。

1.3.3　锗在红外光学方面的应用

以锗为代表的半导体材料在红外光学方面具有良好的特性，锗晶体在红外光学方面的发展趋势主要为大直径晶体。锗的结晶体由于其红外光透过率较大，拥有较大的折射系数、易加工、机械强度较高、吸收能力差、色散能力差、不吸潮等好处，因此适应于红外光学方面应用。随着红外和激光技术的快速发展，锗在红外光学方面也越来越引起人们的重视。锗材料在红外光学方面的应用过程如图 1-4 所示。

图 1-4　锗在红外光学方面的应用过程

在红外光学的应用中，锗主要应用于军事领域。主要采用的是红外热成像技术，也就是将物体本身产生的红外辐射光通过红外热成像仪将其转化为可视图像。利用该技术极大地拓宽了观察范围，能在黑暗以及大烟、大雾中搜索到对象，如能在黑暗中准确寻找及命中飞机、军舰、坦克等作战武器。由于这一特点，红外热成像技术作为军事遥感科技以及空间科学的主要方法之一，被大量应用在红外侦察、红外雷达探测、红外夜视、红外通信及导弹、炸弹的红外制导方面，包括从军事目标的探测、搜索，到对其进行监视，最后实行跟踪全过程都体现了该技术的应用。

锗（在红外光学中）还可用于民用工业。红外器件在普通生活中可作为导航和灾害的预警，在医学上可用于探病和治病，还可用作火车车轮的温度检查工具，应用最多的是红外领域方面的透镜、窗口、棱镜、滤光片和导流罩等。作为产生二氧化硅玻璃所用的添加剂二氧化锗，会让该玻璃的折射率以及红外透过率明显提高，其中红外光的透过程度会达到 70%～80%。因为锗玻璃能制成较大的各种形状，所以才会大量地当成红外窗口、显微镜、广角透镜和导流罩等。据了解，锗在红外器件领域的消耗数可能是全世界消耗数的 30%～40%，中国在这个领域的消耗量占耗锗量的 5%～10%。

1.3.4 锗在催化剂方面的应用

锗在催化剂方面主要用于化工领域，锗主要作为聚对苯二甲酸乙二醇树脂（PET 树脂）的催化剂使用。锗催化剂的推广源于 20 世纪 90 年代英国 Meidform 锗公司对锗催化剂的研制和推广。含锗催化剂具有安全、耐热耐压、活性高、透明度高、气密性好的特点，非常适合生产 PET 树脂。现在人们的生活水平、环保意识和对健康的追求越来越高，所以锗催化剂用于 PET 树脂的需求量也会越来越大。现在，全世界锗在化工方面的应用已高达 20 t/a。各国在锗消耗方面，日本位居前列，经计算，欧洲、美国假如对现今利用速度进行持续的提高，几年之内 PET 树脂领域的消耗锗量将会大于红外领域的消耗锗量。图 1-5 所示为 PET 透明树脂。除此之外，锗催化剂还应用于石油化工领域。

1.3.5 锗在有机物方面的应用

植物将土壤里的微量元素吸收，被吸收的微量元素经食物链由植物融入人体。所以，土壤中的微量元素不只是对植物的生长、发育和果实产量的多少与品质的好坏会产生影响，而且与人体的健康程度也是密切相关的。近年来，在医学领域对锗及其有机化合物的生理活性能力的研究也十分注重。锗在大自然中含量特别的低，据了解已探测到的野生灵芝与野生山参中锗含量特别高，达到了 2000×10^{-6} 与 4000×10^{-6}。泥土之中以不同形式含有的锗，使作物的可给性大不相同。性质不一样的泥土里存在的原土锗和外加的锗的形式分布特点也有很大区别。

彩图

图 1-5　PET 透明树脂

人类对于锗元素在生理方面特点的了解始于 20 世纪 20 年代，那时人们利用锗化物具有生血刺激作用原理，将二氧化锗加入一些药物里面用于治疗贫血病。而当今被称为"21 世纪救命锗"的有机锗，其生物活性及其对人体特有的医疗保健效果，对预防和治疗癌症以及某些疑难杂症有着特殊的功效，因此也引起了世界上诸多化学家、药理学家和营养学家对它的好奇与注意。而在有机锗方面的应用研究近年来在日本的发展比较突出。日本对有机锗药用能力的探讨是在 20 世纪 60 年代进行的，得知有机锗的化合物可以治疗高血压、关节炎，还可镇痛、抗病毒以及医治恶性肿瘤等。有机锗独特的三个带氧键的分子结构使其药理方面拥有了特殊的作用。锗可以当成药品来防病治病，提供大量氧进入细胞，从而改善新陈代谢，增强抵抗力；还可降低血液的黏稠度，使血流量提高，降低血压，改善循环让器官功能变好，有效地抑制了脑血栓的发病率；也能作为食品饮料改善体质。如果往美容相关的化妆品中混入一定量的锗，还可以改善皮肤，减弱老化，长期使用会使皮肤变得红润柔美，对消除更年期不适和痤疮等也有明显作用。有机锗可以用于防治慢性病，例如糖尿病、中风后遗症以及老年痴呆症。目前，全世界关于有机锗的科学与研究，日本走在前沿。日本在有机锗用于美容、医疗和保健领域都有突出贡献。我国也不甘落后，先后取得了有机锗矿泉、有机锗康寿茶、有机锗药品以及有机锗系列饮料等方面的开发成果，为全世界有机锗的发展做出了极大的贡献。未来有机锗的生产开发前途无量，有机锗也将成为人类新时代的代表之一。

1.4 锗的提取方法

现代工业生产粗锗大多是从铅锌矿、硫化矿、煤燃烧的烟尘以及电子产品废料中回收的。本书主要介绍从煤中提取锗的方法。经研究发现，锗主要在弱变质煤中集中，煤的灰分越低，煤中锗含量越高。从煤中提取锗的方法有很多，例如水冶法、火冶法、微生物法、萃取法等，但一般体现在富集方法的不同，但富集之后的工艺基本一致，均是先进行氯化蒸馏然后再水解得到二氧化锗，流程如图1-6 所示。

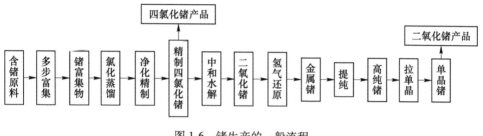

图 1-6 锗生产的一般流程

1.4.1 水冶法提锗

无机酸浸出锗法即所谓的水冶法，是一种从原煤中对锗直接进行获得的工艺方法。首先将原煤破碎成一定粒度，然后将煤里的锗在浓度大于等于 7 mol/L 的盐酸溶液里直接进行浸出再蒸馏，会得到 $GeCl_4$。该方法的工艺流程很简便，并且原煤里的锗的回收率也很高，普通情况下可以达到 90% 以上，可是该法使用的盐酸量很大，使得工业消耗较大，其流程如图1-7 所示。相关资料显示，存在于煤里的锗大部分是和有机锗构成稳定的化合物，从而得到例如腐植酸络合物及锗的有机化合物。但是假设可以将煤里大量的矸石用洗煤的手段剔去，结果会大大降低利用水冶法提取原煤中锗的成本。

因为水冶法有很多的缺点，并不适合大量用于生产，同时也并不适合我国的生产条件，污染也较大，所以很少被利用，我国对该方面的研究也并不突出。

1.4.2 火冶法提锗

火冶法提锗的工艺过程是首先将煤燃烧，然后利用煤的燃烧产物提取锗。将煤在锅炉中燃烧，燃烧产生的热能用来发电，得到含锗量 1% 左右的布袋尘用盐酸直接蒸馏，含锗量 10^{-5} 数量级的低品位旋风尘用湿法进行进一步富集后再进行蒸馏提取，由此方法得到锗的回收率为 60%，火冶法提锗的过程如图1-8 所示。

图 1-7　水冶法提锗流程

目前云南临沧鑫园公司和内蒙古锡林浩特市的两个提锗园区就采用这种方法处理含锗煤，不同的地方是云南临沧鑫园公司褐煤燃烧发电用的是发电链条锅炉，而内蒙古锡林浩特市的两个锗园用的是漩涡炉。目前褐煤燃烧发电同时收集富集的锗尘是含锗褐煤综合利用的最佳方式，但这也只是锗的初步富集，除尘灰中锗含量还较低，锗品位只在1%左右，需要后期湿法富集提纯。

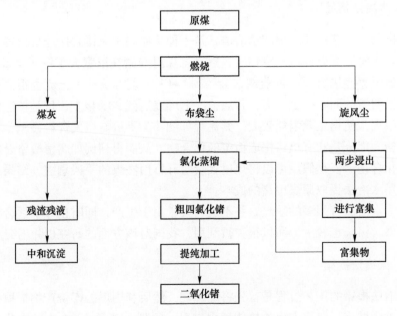

图 1-8　火冶法提锗流程

我国近年来大多是用燃烧煤后得到的副产物为主要生产锗的原料，原料分别包括燃煤电厂的煤灰、烟尘、焦油还有焦化厂的废氨水等。生产手段有合金法、再次挥锗法、碱熔-中和法及加氢氟酸浸出法。

1.4.2.1　合金法

锗元素具有亲铜性和亲铁性，合金法便是通过锗的这种性质来实现还原熔炼，先让其融合在铜铁合金里，锗被富集后又将锗于铜铁合金里进行回收。工艺流程如图1-9所示。

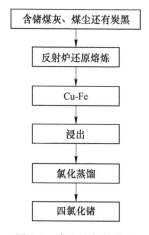

含锗煤灰、煤尘还有炭黑

↓

反射炉还原熔炼

↓

Cu-Fe

↓

浸出

↓

氯化蒸馏

↓

四氯化锗

图 1-9　合金法提锗流程

这种工艺方法简便且容易实施，并且特别利于处理拥有大量灰分的煤。合金法的工艺特点是将一定量的 CuO、Fe_2O_3 和 Na_2CO_3 配在炉料中。铁可以看作是锗的捕集剂，可溶解 4%～10% 的锗。铜与铁的氧化物在高温熔炼时被还原成低熔点的 Cu-Fe 合金后将锗捕集。在炉料中加入 Na_2CO_3 可降低渣熔点，还可置换出以硅酸锗形态存在的锗，从而提高了锗的回收率。合金法特别适宜处理含锗物料以及含硅酸锗的物料，并且不需要将这些物料进行制团。利用合金法从烟尘中提锗，在熔炼过程中锗的回收率达 90%～95%。

1.4.2.2　挥发法

挥发法有再次挥发法、优先挥发法和烟化炉挥发法，三种方式都是通过高温使锗在挥发出来的收尘中达到富集，由于三种方式对物料各有不同的要求，所以相应产出的锗精矿的质量也不相同。燃烧过的煤中的锗，会在煤尘或是煤灰中富集，并且可富集为原来的 10 倍，含锗量为 0.3%～1%。但该法不可以直接获取锗，必须先将原料进行制团，然后将其置于竖炉、鼓风炉中进行再次挥发，得到含有较多锗含量的二次烟尘，然后将锗进行回收。再次挥发法的优点是工艺简单且容易实施，富集量比较大，并且获得锗或锗精矿的速度也很快，缺点是此方法经两次火冶法挥发处理后，锗会失去的相对量很大，合计回收率低于70%，并且能耗高，易还原出让锗加倍分散的铁。

1.4.2.3 碱熔-中和法

通过碱熔-中和法对含有大量锗的煤烟尘、煤灰进行处理。碱熔-中和法就是在 900 ℃下配好 NaOH 或 Na_2CO_3，然后进行氧化熔炼，根据方程式 $Na_2CO_3 + GeO_2 = Na_2GeO_3 + CO_2$ 可知，此时锗转变成为锗酸盐。使用热水将熔炼产物浸出，其中的 Al_2O_3、二氧化硅及锗会融进碱浸液里。因为不同物质水解的酸碱度都不相同，所以用盐酸中和达到有 0.2 mol 残碱的时候，二氧化硅和 Al_2O_3 会沉淀得以去除，再使用盐酸中和到酸碱度为 5，锗就会以 $GeO_2 \cdot nH_2O$ 的形态沉淀了，之后将此沉淀物与盐酸和硫酸相配进行氯化蒸馏提锗。这种方法采用了多次中和工艺，煤中锗的回收率为 75%~83%，并且耗酸碱量大，有较多的液固分离操作。

1.4.2.4 加氢氟酸浸出法

应用较广泛的酸浸法包括直接硫酸浸出法、加压浸出法和加氢氟酸浸出法。合金法、挥发法和碱熔-中和法的锗回收率都不高，原因为煤的燃烧是一种高温氧化过程，小数量的锗会形成 GeO 挥发到烟尘中，而大数量的锗则是以锗酸盐和 $GeO_2\text{-}SiO_2$ 固溶体形态进入煤灰中。如果将煤燃烧后的烟尘或者煤灰直接进行传统的氯化蒸馏提锗工艺，那么很不容易用酸将里边的锗酸盐或 $GeO_2\text{-}SiO_2$ 的固溶体溶出。通过 4 mol 的盐酸溶解，可将上面所说产物里的锗溶解出 25%~60%；通过硫酸溶解，锗被溶解出的数量会更小，为 25%~40%。但是如果当进行酸浸时添加一些氟化合物，锗酸盐或 $GeO_2\text{-}SiO_2$ 的固溶体分解就会加快，分解出来的锗形成锗氟络合物后溶解到酸浸液里，通过这个原理就得到加氢氟酸浸出法。此类方法的优点是可以提高煤高温燃烧后煤灰里的锗及类似物料里的锗的浸出率，工艺流程简单快速、锗浸出率极高，可达 98%。缺点是设备会被氢氟酸消耗，废液除氟完毕后才可以重新使用等。直接硫酸浸出法最高的锗的浸出率大约只有57%，缺点是酸耗大、环境污染大等；加压浸出法的锗的浸出率约为 88%，缺点是设备不普遍、花费较大等。

1.4.3 微生物法提锗

近些年由微生物学和冶金学共同发展出一个新的学科——微生物冶金，它也越来越广泛地应用到金属的提取领域。微生物法提取锗主要针对含锗煤矿中锗资源的浸出与综合回收进行研究，主要研究微生物对含有有机锗的大分子有机物的作用，对其进行破坏，进行有机锗的分解从而将煤中锗浸出，过程如图 1-10 所示。国内研究表明革兰氏阳性菌对褐煤提锗有很大作用，锗的浸出率可达85%。与传统方法比，微生物法提锗具有成本低、无污染、能耗低等特点，但其处理周期太长、反应慢，现在未实现工业化。

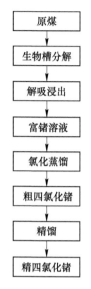

```
原煤
  ↓
生物槽分解
  ↓
解吸浸出
  ↓
富锗溶液
  ↓
氯化蒸馏
  ↓
粗四氯化锗
  ↓
精馏
  ↓
精四氯化锗
```

图 1-10 微生物法提锗流程

1.4.4 萃取法提锗

从 20 世纪 80 年代开始，萃取法提锗取得了巨大发展。其中 H106 和 YW100 是我国最早应用的萃取剂；1999 年，北京矿冶研究总院研发出新的萃取剂 G315，使锗的直接提取达到了 90%以上。后来又发明了 7815 萃取剂，7815 试剂属于耦合型萃取剂，是核工业部北京化工冶金研究院研制合成的萃取剂。根据实验研究和工厂的半工业试验研究表明，7815 萃取剂具有更好的应用前景。

1.4.5 丹宁沉淀法

关于丹宁沉淀锗的机理有以下内容：吸附沉淀、络合物沉淀以及化合物沉淀等。丹宁和腐植酸在很多方面有相似的性能，其包含几个能与金属离子形成耦合的邻二羟基—三羟基芳香环。六到八个正八面体与丹宁和金属离子形成的复杂耦合物配体，没有固定单一的结构，传统的丹宁沉淀过程中的锗，能够实现 99%的沉淀结果，在最后溶液里锗的浓度会小于 0.5 mg/L。我国某些地区使用丹宁沉淀法，不仅会使用大量丹宁酸，而且还会降低锗精矿的品位。丹宁法的缺点是购买丹宁的花费很大，且特别难进行循环利用，而且对其中一定数量的砷、锑也很难进行选择沉淀，所以生产资金花费很大，浪费严重；过滤丹宁锗渣特别不容易，过滤时会大量失去锗，部分锗会在煅烧时挥发，整个操作复杂、消耗也很大。

1.4.6　氯化蒸馏法

处理锗含量高于3%的锗精矿最适宜的方法是氯化蒸馏法，此手段的操作步骤为：首先把锗精矿放在搪瓷釜里，使用H_2SO_4和MnO_2把料进行熟化，再把浓度高于9 mol/L的盐酸放在其中，并且通入氯气，设定100~110 ℃的温度下进行氯化蒸馏，得到$GeCl_4$；于水解槽里加入蒸馏提纯的四氯化锗，于0~20 ℃下加入6~10 MΩ的去离子水进行搅拌和水解得到$GeO_2 \cdot nH_2O$，又于100~350 ℃下进行烘干约12 h，于600~650 ℃的石英还原炉里通入氢气还原完毕得到锗，最后在温度为1000~1100 ℃下的氮气气氛中进行熔铸，就可获得5~20 Ω · cm的金属锗。

1.4.7　其他改进方法

如果使用碱浸法，会让锗融合在溶液里，而铁则滞留在残渣中。但是当含锗渣里的含硅量很大时，则固液分离十分困难。经长时间的研究发现用普通的方法蒸馏出的含锗富集物，得到锗的直收率只有30%~40%，非常低。黄和明、杭清涛等经过了四种方法试验后，终于找到了一种能使锗的回收率达到近75%以上的提炼锗的新工艺方法。实验一通过在含锗富集物中加入纯碱焙烧后再加入特殊试剂A处理，形成的锗的化合物可被盐酸蒸馏提取，有价值的金属锗就可以被提炼出来。实验二将含锗富集物和盐酸直接进行蒸馏，研究比较得出锗的蒸馏直收率十分低。实验三将该富集物分别进行大量的酸碱处理，使用盐酸进行蒸馏，得出的锗的蒸馏回收率并没有很大的变化。实验四利用纯碱焙烧—蒸馏工艺实验后发现，全溶锗几乎完全转化成了酸溶锗，可是进行蒸馏之后也并没有提高锗的蒸馏直收率。最后发现了锗富集物纯碱焙烧转化、A处理剂浸出后再蒸馏的工艺，会使锗的蒸馏直收率高达75%以上。通过以上四种实验最后得出结论：

（1）锗物料不同，即使使用同一种工艺，最后得到的锗的蒸馏直收率也不尽相同，因为锗的蒸馏直收率会被锗富集物的性质严重影响；

（2）酸溶锗在锗富集物中所占很小的比例，如果使用直接蒸馏工艺，会让简单的酸（或碱）处理——蒸馏工艺都得到较低的锗提取。

另外还有一种可以提高褐煤里提取锗能力的实验，通过一系列对盐酸浸出蒸馏提锗工艺条件实施的改良实验以及分析，最后决定了常温常压下盐酸浸出蒸馏方法提取煤里面锗的工艺改良步骤如下：把液固比取为5，把盐酸浸出浓度确定为7 mol/L，浸出时间设定为90 min，然后将蒸馏需要的提取时间设定为10 min，最后将氧化剂加入其中。化验分析该实验浸渣后的锗回收率的结果，得出平均回收率可达78%左右，并且由于该工艺流程简单，且有不错的煤中锗的回收率，因此比较适于工业生产，也有一定的生产价值。

在浸出法方面，还可以使用硫化钠水溶液对含锗褐煤中的锗进行浸出，有实验表明，含锗褐煤中的锗是可以通过使用硫化钠水溶液来进行浸出而得到的，浸出的条件分别为：温度设定为90~95 ℃，浸出时间确定为5~10 min，当硫化钠的用量达到含锗原煤质量比的33%时，锗的浸出率最后可以达到82%。还有实验表明，为使浸出锗可以达到最为合理的范围，对含锗渣组成及性质进行研究讨论，得知锗的部分化合物是可以溶于酸里的，所以对其实施拌酸—熟化—洗涤工艺手段来进行浸出，最后得到了含锗762 mg/L的浸出液。

锗在烟尘中以GeS、GeS$_2$、GeO、GeO$_2$（四方形）、GeO$_2$（六方形）等形态存在，获取褐煤中的锗，第一步是在还原性气氛里焙烧褐煤，锗便通过GeO、GeO$_2$、GeS及GeS$_2$等形态挥发，再使用电除尘或者布袋收尘的方法对含锗烟尘进行获取。由于锗在烟尘里的存在形态不一样，所以提取锗比较有难度。赵立奎、黄和明等通过大量的研究实验，本着降低成本的角度，得出了从含锗烟尘中提取锗的一种新型工艺方法，第一步先在250~300 ℃的条件下对含锗的烟尘进行低温焙烧，然后使用盐酸对其进行蒸馏，大部分的锗被提取了出来，随后再使用5 mol/L的氢氧化钠溶液对蒸馏过后的残渣进行湿法浸出，使用丹宁沉淀方法，焙烧完毕再对其蒸馏，可以提高回收率至95%以上，大大减少了花费，还提高了资源的利用能力。

1.4.8 国外提锗方法

在国外，采用火法提取锗是大多数工厂采用的方法。其流程为首先将原煤灰粉碎后造粒，在900 ℃下通入氧气氧化煤粉颗粒，使杂质元素氧化挥发，然后通入一定量的还原气体，将高价的锗氧化物还原为低价的锗氧化物并使其挥发，收集挥发后的含锗粉煤灰后进一步提纯。Georgia Marble公司利用这种方法处理含锗煤灰，从中提取锗。国外还有几项发明专利涉及提锗，这些专利同样是使锗富集，最后采用氯化蒸馏的手段得到高纯的锗产品。

煤中提取锗的方法，普遍存在回收率不高，过程比较复杂、成本比较高，产品的纯度不够理想等诸多问题。

1.4.9 锗的分析方法

对于低品位锗的分析方法，目前工业上用的主要有化学滴定法和比色法两种，化学滴定法主要针对锗含量（质量分数）为0.1%~1.5%的锗尘，对于小于0.1%的锗尘采用比色法，本书主要采用这两种方法对锗尘和富集后的残渣进行锗含量分析。

本实验所使用的锗含量测定方法是化学滴定法，该法与生产企业方法一致，具体如下。

1.4.9.1　高浓度酸溶锗的测定方法

此方法将含锗烟尘在高锰酸钾作用下，用 6.5 mol/L 的盐酸蒸馏，将锗以四氯化锗的形式蒸出，经过次亚磷酸钙将四价锗还原为二价，以 KIO_3-KI 标液滴定。在对样品进行滴定前需先对滴定液进行标定，方法如下。

（1）所用试剂：高锰酸钾（分析纯），次亚磷酸钙（分析纯），盐酸（4.5 mol/L），盐酸（6.5 mol/L），饱和碳酸氢钠溶液，淀粉溶液（0.5%），氢溴酸（分析纯），KIO_3，KI。

（2）KIO_3-KI 标液的配制：称取无水碳酸氢钠 4 g，碘酸钾 15 g，碘化钾 200 g 依次放在装有蒸馏水的 500 mL 烧杯中溶解后，用脱脂棉过滤，将容器用蒸馏水冲洗干净后，定溶于 10 L 容量瓶中，放置一周后标定。

（3）碘酸钾溶液的标定：将洗干净后的空坩埚置于马弗炉中并升温至 800 ℃，保温 1.5 h。冷却后称取适量高纯二氧化锗于坩埚中升温至 650 ℃，灼烧 1.5 h，再升温至 800 ℃灼烧 20 min，冷却，置于干燥器中备用。

称取 0.1 g 的高纯锗三份，分别置于 3 个 300 mL 锥形瓶中，加蒸馏水 50 mL，次亚磷酸钙 7 g，6 mol/L 盐酸 170 mL，置于电炉上煮沸 10 min，用盛满饱和碳酸氢钠溶液的盖氏漏斗盖住锥形瓶，置于流动的冷水中冷却至室温后加入 5 mL 淀粉用待标的碘酸钾标液滴定。计算公式如下：

$$T = \frac{m}{V} \times 0.694 \qquad (1\text{-}17)$$

式中　T——滴定度；

　　　m——高纯二氧化锗的称取量，g；

　　　V——消耗碘酸钾溶液的量。

滴定液标定后，样品中锗的分析方法如下。

1）将定量含锗烟尘样品放入烘箱中在 105 ℃下干燥 2 h，取出放入干燥器中冷却至室温后，称取水分。

2）在 250 mL 锥形瓶中加入 7 g 次亚磷酸钙，适量氢溴酸，再加入 4.5 mol/L 盐酸 55 mL 摇匀，做接收蒸馏装置。

3）称取 0.5000 g 烘干后的含锗烟尘于 500 mL 蒸馏瓶中，加入约 1 g 高锰酸钾，再加入 6.5 mol/L 盐酸 120 mL 置于电炉上蒸馏，蒸馏至总体积的 1/3 处，停止蒸馏。卸开分馏柱与冷凝管连接处，用少量水冲洗冷凝管的尾端，并将洗液收集到接收的锥形瓶中。

4）取下接收瓶置于电炉上煮沸 7 min，以盛有饱和碳酸氢钠溶液的盖氏漏斗迅速盖住瓶口，置于冷水中冷却至室温，拔下盖氏漏斗，加入 0.5% 淀粉溶液 3~5 mL，迅速以 KIO$_3$-KI 标准液滴定至蓝色且 15 s 不褪色为滴定终点。

5）计算锗含量。

$$Ge\% = \frac{V \times T}{G} \tag{1-18}$$

式中　V——消耗 KIO$_3$-KI 标准溶液的体积，mL；

　　　T——KIO$_3$-KI 标准溶液的滴定度，g/mL；

　　　G——称取试样质量，g。

1.4.9.2　低浓度酸溶锗的测定方法

将低浓度的酸溶锗灰化后用 6 mol/L 盐酸溶液，在高锰酸钾存在下进行蒸馏，使锗以四氯化锗的形态逸出，并用水吸收与干扰离子分离，在 1∶1 盐酸下用苯芴酮显色并进行比色测定。

（1）所需试剂：高锰酸钾，盐酸，十六烷基三甲基溴化铵（称量 10 g 十六烷基三甲基溴化铵倒入已装有适量蒸馏水的烧杯中，搅拌使其完全溶解，过滤到 1000 mL 容量瓶中，用蒸馏水洗涤冷却后加蒸馏水到刻度线、摇匀、待用），酚酞（1%），硫酸，苯芴酮，无水乙醇，氢氧化钠溶液（25%），亚硫酸钠溶液（20%）。

（2）锗标准溶液的配制：在洁净的 1000 mL 容量瓶中加入少量蒸馏水和浓盐酸，摇匀。用移液管精确移取锗标液加入上述容量瓶中，摇匀，加蒸馏水至刻度，定容，即可。

（3）苯芴酮溶液的配制：称取苯芴酮于表面皿中，转移到 500 mL 烧杯中，用无水乙醇冲洗表面皿，冲洗液全部转移到烧杯中加入硫酸充分搅拌使其完全溶解，用脱脂棉过滤到 1000 mL 容量瓶中，用无水乙醇冲洗脱脂棉，冷却后加入无水乙醇至刻度线，摇匀，放置，待用。

（4）实验步骤：

1）称取含锗样品 1 g，置于马弗炉中，半开炉门，在 550 ℃下烧至样品无黑色颗粒。

2）现将内盛有少量蒸馏水的 100 mL 容量瓶作接收器，将灰化后样品全部转移至 250 mL 锥形瓶中以蒸馏水冲洗，再向锥形瓶中加入少量的高锰酸钾，加入 12 mol/L 的盐酸进行蒸馏，保持 1.5~2 mL/min 的蒸馏速度，蒸馏液以 100 mL 容量瓶承接，蒸馏至锥形瓶体积 1/3 为止。拆开分馏柱和冷凝管的连接处，用少量水冲洗冷凝管。

3）取含锗的标准溶液 0 mL、1 mL、2 mL、3 mL、4 mL、5 mL，取蒸馏后收集的溶液 1 mL。分别注入 25 mL 比色管中，加入亚硫酸钠溶液 0.5 mL，加入酚酞，再加入氢氧化钠溶液调至粉红色，用硫酸溶液调至无色，以蒸馏水冲洗瓶口，加入盐酸 5 mL，十六烷基溶液 2. 5 mL，加入苯芴酮溶液 2. 5 mL，用蒸馏水稀释至刻度线，摇匀后静置 20 min，然后分别倒入 1 cm 的比色槽中，以 0 mL 标准溶液作为参比，在分光光度计上用波长 510 nm 测其吸光度，以吸光度为纵坐标，锗含量为横坐标，绘制标准曲线。

4）锗含量计算。

$$Ge\% = \frac{V \times n}{G \times 10^6} \times 100\% \qquad (1\text{-}19)$$

式中　V——样品液中含锗的微克数；

　　　G——所称取的样品质量，g；

　　　n——稀释倍数。

1.5 存在问题和课题提出

1.5.1 存在的问题

1999 年经地质勘探查明，内蒙古锡林郭勒盟胜利煤田的煤矿中锗的储量高达 1919 t，该煤田中的锗资源储量名列我国各省（区）前茅。目前提锗采用漩涡炉燃烧含锗褐煤，收集布袋尘，经过几道次的盐酸蒸馏，得到纯度较高的 $GeCl_4$，把 $GeCl_4$ 用去离子水水解，得到 GeO_2，部分 GeO_2 用氢气还原，得到金属锗，金属锗经区域熔化提纯，得到高纯锗锭，高纯锗锭用提拉法获得单晶锗。该工艺存在以下问题：

（1）粉煤灰中锗含量偏低，达不到设计要求的除尘灰中锗含量大于 1% 的要求，目前灰中锗含量（质量分数）为 0.5%～0.8%，有的时候富集量更低；

（2）粉煤灰中碳含量较高，后期处理量大；

（3）盐酸用量为固体体积的 4 倍左右，盐酸用量较大；

（4）生产过程产生的废液和废渣中含有大量盐酸和少量锗，环境污染较大，而回收利用困难，也降低了锗的回收率；

（5）回收率偏低，目前一次富集回收率为 88%～89%，整体回收率在 70% 左右。

1.5.2 研究内容

根据目前锗尘提锗存在的问题，提出以下研究内容。

（1）锗尘中锗的存在方式。锡林郭勒盟胜利煤田褐煤燃烧发电后所得的一次富集物锗尘中锗的存在方式目前还没有人研究。锗尘中锗含量较低，锗尘成分复杂，分析检测也较困难，而锗尘中锗的存在方式对后期火法富集影响较大，本书将先去除锗尘中碳：一是提高锗尘中锗含量；二是减小碳对分析的影响，对除碳后锗尘中锗的存在方式进行分析检测，以确定锗尘中锗的存在方式。

（2）锗尘的熔化性、流动性及成球性。火法二次富集过程温度较高，熔化性和流动性对二次富集过程动力学影响较大，而且二次富集后需要排渣，要求渣具有较好的流动性，所以需要对锗尘的熔化性和流动性进行研究。锗尘粒度细、密度小，容易扬尘，如果直接使用，则损耗大，操作环境差，需要对锗尘造块后使用，开发锗尘造块技术。

（3）GeO_2 与氧化物间相互作用及挥发性。锗尘成分复杂，锗尘中物质主要以氧化物存在，二次火法富集为高温过程，锗尘中锗化物会与锗尘中各种氧化物反应，这将对锗的火法富集过程和后期的盐酸浸出蒸馏提取过程产生影响，本书将研究锗尘中氧化物与 GeO_2 间高温下相互作用及其对后期提取的影响。

（4）二次火法富集条件及平衡实验。二次火法富集是本书研究的重点，而且目前少有研究。二次火法富集过程工艺参数将对锗的回收率和富集后品位产生较大影响，富集工艺参数包括碳含量、碱度、温度、保温时间等，本书将研究这些工艺参数对火法富集锗回收率的影响。二次火法富集过程锗主要分布在渣和尘中，还有收集不到的部分，比如附着在设备上或泄漏的，即损耗。本书将进行多炉的平衡实验：一是对最佳富集工艺的可靠性进行验证；二是对锗的主要去向进行判断，以便于采取措施，降低二次火法富集过程损耗。

（5）微波下盐酸浸出蒸馏湿法提取锗。锗的最终提取采用盐酸浸出蒸馏的方法，目前生产中采用蒸汽在反应釜外加热的方式进行。蒸汽加热速度慢、效率低，温度较难精确控制，所以时间长、能耗较高。微波加热速度快，从溶液内部发热，加热均匀，易于控制，本书将探索锗尘微波加热进行盐酸浸出蒸馏的可行性。

由于锗尘的锗品位低，实验用锗尘锗含量仅为 0.36%，实验室不能够收集到锗湿法提取实验所需的二次富集原料量。所以本书将采用原始锗尘进行锗的微波加热浸出蒸馏实验，研究微波条件下锗的湿法提取工艺参数对锗回收率的影响，并与常规加热方式对比，探索更优的锗湿法提取工艺，也对选择二次富集后产物中锗的湿法提取工艺提供一种借鉴。

2 实验方案

　　本书主要围绕锡林郭勒盟胜利煤田褐煤燃烧发电后产生的一次富集物——锗尘的二次富集问题进行研究，研究内容主要包括锗的赋存状态、锗尘基础性质、GeO_2 与锗尘中其他氧化物间相互作用及其对后期湿法提取的影响、工艺参数对二次富集的影响，开发锗尘造块技术、锗二次富集技术和锗尘中锗的微波盐酸浸出提取技术。因主体内容为二次富集，且由于实验条件限制，不能进行二次富集后产物的湿法提取实验，所以湿法提取研究部分也是针对原始锗尘，但研究结果对二次富集产物的湿法提取也具有一定借鉴作用。

2.1 技 术 路 线

本书主要针对锗尘中锗的二次火法富集问题，在二次火法富集实验前，需要对锗尘的基本物性参数进行测试，并掌握锗尘中 GeO_2 与锗尘中各氧化物间相互作用关系，之后研究火法二次富集工艺参数对锗富集回收率的影响及锗在富集过程中走向和湿法提取工艺，具体实验技术路线如图 2-1 所示。

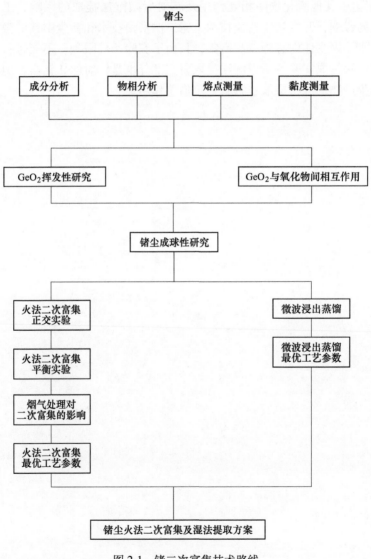

图 2-1　锗二次富集技术路线

2.2 实 验 方 法

（1）锗尘成分检测。锗尘由各种氧化物和碳组成，氧化物包括 FeO、Fe_2O_3、Al_2O_3、CaO、SiO_2、MgO 等。锗尘中锗的分析采用滴定法，用碳硫仪分析锗尘中碳和硫的含量，其他成分用 ICP 仪器分析。

（2）锗尘物相检测。锗尘碳含量较高，碳含量（质量分数）约 5%，而锗含量较低，锗尘物相检测需要对原始锗尘和除碳后锗尘进行物相分析。锗尘物相分析主要采用 X 射线衍射、矿相分析和 SEM-EDS 分析相结合的方法。由于锗尘中锗的含量较低，锗的存在方式用 X 射线衍射或矿相分析法很难确认，而且各相间存在方式也很难用 X 射线衍射直接检测出，需要用 SEM-EDS 对各相间是否嵌布进行检测。

（3）GeO_2 与锗尘中其他氧化物间相互作用研究。锗尘中 GeO_2 在火法处理过程中可能与锗尘中其他物质作用，影响其挥发和后期的湿法提取。将 GeO_2 与锗尘中各种氧化物混匀后在固相温度下处理一定时间，之后分析处理后物相组成和 GeO_2 的回收率，物相采用 X 射线衍射分析，GeO_2 的回收率采用盐酸浸出蒸馏滴定法测量。

（4）锗尘造块。锗尘为除尘灰，粉尘细，不好收集，容易扬尘，需要造块，便于后期的火法富集。锗尘造块过程需要添加调节碱度的石灰，还需要添加一定量的黏结剂，预计用水泥作为黏结剂。实验将研究两种造块方式，即压球法和球团法，对二者进行对比，选择较为经济的造块方式。

（5）锗的二次火法富集实验。火法富集实验前，先用半球法测量锗尘熔点，用相图结合 FactSage 热力学计算调整并测量添加氧化钙后的熔点，并测量黏度，确保熔化后渣流动性。

富集实验注意考虑温度、保温时间、炉渣碱度、配碳量等因素。由于锗尘中锗含量较低，小批量实验很难收集到挥发物，或者收集到的挥发物不够分析检测，所以各因素对锗二次挥发的影响研究只分析残渣中锗的含量，用于评估各因素对锗的挥发性影响。

各因素确定后，进行平衡实验，平衡实验需要连续进行多炉，根据管壁积灰情况，对挥发物进行收集。平衡实验结束后，仔细清理管路，收集粉尘，对粉尘量进行称重和成分分析，最后对火法富集工艺进行评估调整。

（6）锗二次挥发富集过程尾气的检测与分析。锗二次挥发富集过程为高温过程，需要对废气排放进行控制，本研究将对富集过程中 CO、SO_x、NO_x 含量进行分析，以确定需不需要进行尾气处理。火法二次富集过程的尾气成分用烟气传感器进行分析，主要检测 CO、NO_x、SO_2 等大气污染气体含量，将其与国家尾气排放标准进行对比，来决定烟气的处理方式。尾气处理在除尘之前，所以需要对尾气处理方法对锗的影响进行评估，评估方法主要是模拟烟气脱硝过程。

（7）微波蒸馏工艺对锗湿法提取的影响。目前生产上用蒸汽在反应釜外加热进行盐酸浸出蒸馏提取锗，加热时间长，温度控制精度低，温度调节慢。微波蒸馏从处理物体内部发热，加热均匀，目前微波加热可以实现温度的自动控制，调整速度快，温度准确。

微波湿法提取主要研究温度、盐酸浓度、盐酸量、保温时间等因素对锗回收率的影响。由于实验时锗尘用量有限，很难对挥发出的 $GeCl_4$ 进行收集，实验过程中对湿法提取后残渣进行分析，以评估各因素对锗湿法提取的影响。由于实验室规模的火法富集实验收集的富集物量太少，即使进行 20 次富集实验所收得富集物也远不够一次湿法提取实验所需的原料，所以本书只进行原始锗尘微波浸出蒸馏研究，研究结果对锗的湿法提取提供一定的借鉴。

2.3 实验设备

实验过程需要对原料、富集后渣和富集物进行物相、形貌等检测，需要用到扫描电镜、X射线衍射分析仪等，实验所用主要设备见表2-1。

表 2-1 实验所用主要设备

设备名称	设备型号	生产厂家
红外碳硫分析仪	CS-8810	金义博仪器科技有限公司
电子天平	FA2204	舜宇恒平科学仪器有限公司
综合热分析仪	STA449C	德国 NETZSCH 公司
X射线衍射分析仪	X'pert Powder	荷兰 PANalytical 公司
扫描电子显微镜	JSM-6510	日本电子
矿相显微镜	Imager A2m	德国蔡司公司
箱式电阻炉	SX-20×50×18	包头云捷电炉厂
管式电阻炉	SK16 BYL	包头云捷电炉厂
可见分光光度计	7230G	上海仪电
碳管炉	—	上海晨华

3 锗尘基础物理化学性质及造块

　　锗尘成分复杂，含有多种氧化物，褐煤中锗以 GeO 形式挥发出来被再次氧化而被除尘灰捕获。锗在锗尘的存在方式对锗的火法和湿法二次富集会产生较大的影响，本书采用多种方式对锗尘中锗的存在方式进行检测，从而判断锗的存在方式。锗尘的熔点和黏度对火法富集过程会产生较大影响，所以对两者也进行测量。

　　锗尘本身为布袋除尘灰，粒度细，在二次高温火法富集过程中，如果直接用锗尘入炉，则易扬尘，损耗大，工作环境差，故需要对其进行造块。目前工业上粉体造块主要有两种方式，即压球法和圆盘造球机造球法，本章将对这两种方法进行研究。

3.1 锗尘的化学成分

实验用锗尘来自胜利煤田中含锗褐煤燃烧后的除尘灰—锗尘，前后取了两批样，原料锗尘中锗含量由企业提供，一批锗尘锗含量（质量分数）为 0.54%，一批锗尘锗含量（质量分数）为 0.36%，锗尘中其他成分由兵器工业部 52 研究所化学分析室采用仪器法分析，两批锗尘成分见表 3-1。

表 3-1　两批锗尘成分

批数	$w(Ge)/\%$	$w(CaO)/\%$	$w(SiO_2)/\%$	$w(Al_2O_3)/\%$	$w(MgO)/\%$	$w(K_2O)/\%$
1	0.54	6.72	32.72	10.20	3.15	0.44
2	0.36	8.71	46.43	10.69	2.96	0.33

批数	$w(Na_2O)/\%$	$w(TiO_2)/\%$	$w(As_2O_3)/\%$	$w(S)/\%$	$w(C)/\%$	$w(TFe)/\%$
1	0.63	0.31	2.64	2.16	3.17	21.97
2	0.37	0.30	1.13	0.61	7.41	10.02

锗尘中二氧化硅含量（质量分数）高达 32%~47%，这与粉煤灰中脉石二氧化硅含量较高一致，锗尘中 TFe 含量也偏高，这与大部分地区粉煤灰有较大的区别。锗尘中的铁氧化物在高温下会消耗还原剂碳，而且铁被还原后会有利于锗还原，锗还原后溶于铁液中，将会降低锗的收得率。锗尘中 Al_2O_3 和氧化钙含量也较高，氧化钙含量（质量分数）为 6.7%~8.7%，Al_2O_3 含量较为稳定，含量（质量分数）在 10% 左右。锗尘中碳含量（质量分数）波动大，为 3.1%~7.4%，说明锅炉的操作不稳定，褐煤燃烧不充分。锗尘中碳在火法二次富集过程中起到还原的作用，如果碳含量合适，火法二次富集过程就不需要另配碳，但碳含量过高对火法二次富集不利。锗尘中 Na_2O 与 K_2O 两种碱金属含量之和在 1% 左右，锗尘中碱金属氧化物有利于降低锗尘的熔点，增加熔融后锗尘的流动性，有利于高温还原过程传质和生成气体的逸出。原始锗尘中碱性氧化物含量（质量分数）为 10%~12%，而酸性氧化物含量（质量分数）为 42%~57%，锗尘呈酸性，可能其熔化后黏度偏高，火法处理时需要对碱度进行调整。

锗尘成分还具有一个重要的特点，锗尘中 As_2O_3 含量偏高，其含量在 1% 以上，而 As 是锗产品中最难去除的杂质元素之一，如果火法的方式不能控制其含量，湿法富集或提纯时应该考虑其处理方式。

3.2　锗尘中锗的存在方式

锗尘由大量氧化物组成，GeO_2 与二氧化硅性质接近，能够与碱性氧化物反应生成多种复合氧化物，锗的存在方式对锗的二次富集将产生较大的影响，本书先用矿相显微镜确定锗尘的基本矿物组成，之后用 X 射线衍射分析仪分析锗尘的物相，用扫描电镜观测各相间的嵌布情况。

3.2.1　锗尘的矿相分析

锗尘为除尘灰，粉体粒度细，无法直接进行抛光和矿相检测。将锗尘和环氧树脂混匀，加入占环氧树脂质量 8% 的乙二胺作为固化剂，混匀。将混匀的锗尘、环氧树脂和乙二胺浇入直径为 $\phi25$ mm×10 mm 模具中，静置固化 24 h，经过 61 μm、40 μm、23 μm、18 μm 砂纸打磨，用自动抛光机抛光，最后用酒精清洗吹干。制备好的试样用徕卡偏光显微镜进行观测。图 3-1 为第一批锗尘，即锗含量（质量分数）为 0.54% 的锗尘的矿相组成。

从图 3-1 可知，锗尘有 5 种以上矿物，锗尘中含有大量的二氧化硅和赤铁矿，二氧化硅中没有镶嵌其他矿物，而赤铁矿中镶嵌了其他矿物，这种结构不利于将赤铁矿进行选矿操作，从而对其中的锗难以用选矿方式进行富集。由于锗尘粒度细，其他 3 种矿物很难用矿相的方式进行鉴别，需要采用别的方式来进行鉴定。

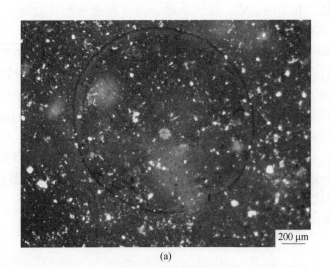

200 μm

(a)

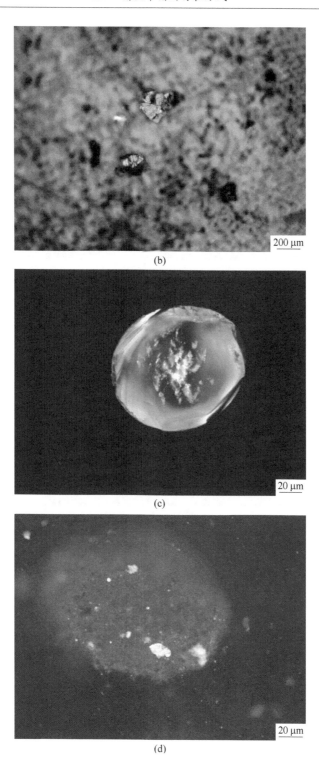

(b)

200 μm

(c)

20 μm

(d)

20 μm

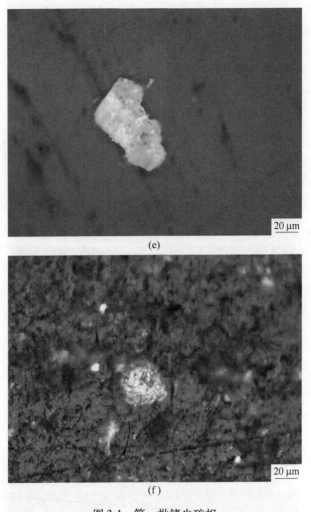

彩图

图 3-1　第一批锗尘矿相

（a）锗尘矿相；（c）石英；（d）赤铁矿；（b）（e）（f）未能识别矿物

3.2.2　锗尘的物相分析

由于矿相分析放大倍数的限制，很难鉴别出锗尘中含量较少的矿物，为了确定锗尘中锗的存在方式，对两批锗尘进行 X 射线衍射物相分析。锗尘中碳含量高，锗含量低，不利于含锗相的检测，所以在 X 射线衍射物相分析前，将锗尘在 600 ℃下的空气气氛中处理 6 h，烧掉锗尘中碳，提高锗尘中锗含量。X 射线衍射扫描角度为 $10° \sim 80°$，扫描速度为 $10°/\text{min}$。两批锗尘的 X 射线衍射图谱如图 3-2 所示。

物相分析结果显示，锗尘中都含有 $CaMgSi_2O_6$、SiO_2、Fe_2O_3、$FeAlMgO_4$ 等简单和复合氧化物。矿相分析检测到了锗尘中有石英和赤铁矿矿物，这与 X 射线衍射检测结果相互印证。锗的存在方式是本次实验最为关心的，经 X 射线衍射检测，锗尘除碳后，锗以 $Mg_3Fe_2GeO_8$ 的形式存在于锗尘中。

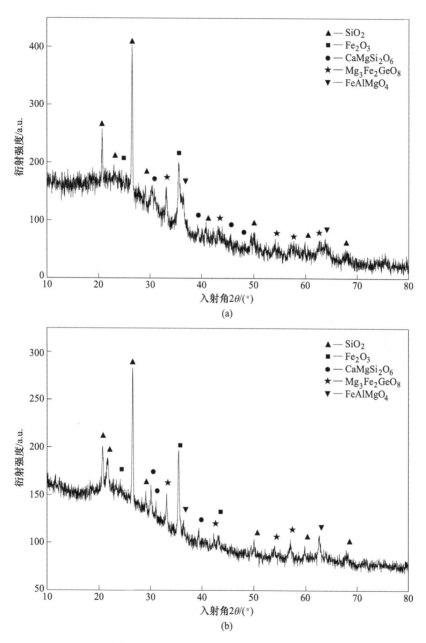

图 3-2　两批锗尘除碳后 X 射线衍射图谱

（a）含锗量 0.54%；（b）含锗量 0.36%

3.2.3　锗尘颗粒形貌与颗粒中锗的分布

经过前面的矿相分析和物相检测，确定了锗尘中各物质的存在方式，但锗尘中各相存在状态有待进一步研究。将含锗 0.54% 的锗尘 600 ℃下 6 h 除碳后，少量铺撒在导电胶上，喷金，用扫描电镜检测锗尘颗粒形貌，用能谱仪分析颗粒中元素含量。图 3-3 和表 3-2 给出了锗尘颗粒形貌及能谱分析结果。

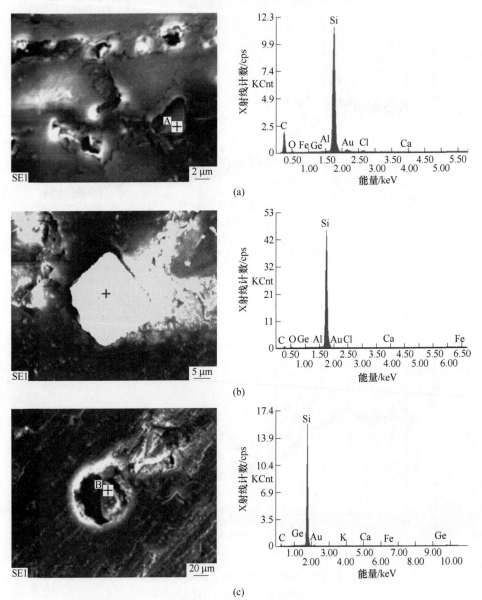

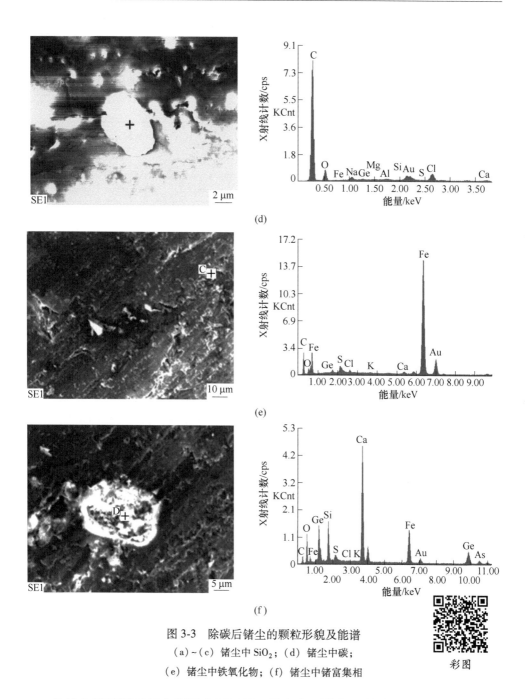

图 3-3　除碳后锗尘的颗粒形貌及能谱

(a)~(c) 锗尘中 SiO_2；(d) 锗尘中碳；

(e) 锗尘中铁氧化物；(f) 锗尘中锗富集相

彩图

　　从锗尘颗粒形貌结合能谱分析可见，锗尘中石英相比较致密，石英中二氧化硅含量非常高，而其他组分含量很低，说明石英纯度高，但其中有一定锗含量，石英相颗粒相对较大，长度大于 40 μm，宽度为 20 μm。锗尘中富铁相粒度较细，

表 3-2　锗尘颗粒成分

能谱位置	$w(Ge)/\%$	$w(Fe)/\%$	$w(Si)/\%$	$w(Al)/\%$	$w(Mg)/\%$	$w(C)/\%$
A	0.34	0.11	27.67	0.26	0	66.46
B	0.11	0.16	63.2	0.41	0	33.35
C	0.17	53.35	1.12	0.51	0.54	34.15
D	12.71	11.74	9.01	0.93	3.39	11.67

能谱位置	$w(Na)/\%$	$w(K)/\%$	$w(S)/\%$	$w(As)/\%$	$w(Ca)/\%$	$w(O)/\%$
A	0	0	0	0	0.11	2.11
B	0.61	0.16	0	0.17	0.15	0.71
C	0.82	0.14	0.50	0	0.19	4.34
D	0.24	0.12	0.41	4.03	21.27	21.54

长 5 μm，宽 3 μm，富铁相中含有二氧化硅等氧化物，锗含量也偏低。锗尘 600
℃下去碳后，锗尘中有锗的富集相存在，锗富集相呈近球形，但比较疏松，里面
存在更细小的结构，说明富锗相是由几种矿物相互镶嵌组成，粒度在 25 μm 左
右。富锗相中 Ca、Fe、Si、Mg 等元素含量高，氧含量（质量分数）达到 20% 以
上，而硫含量（质量分数）仅 0.41%，说明富锗相中元素主要以氧化物的形式
存在。X 射线衍射物相检测到锗以 $Mg_3Fe_2GeO_8$ 形式存在，能谱检测结果显示，
富锗相中还存在氧化钙、二氧化硅等，说明三种矿物相互镶嵌。锗尘形貌和能谱
分析结果显示，富锗相不单独成像，而是镶嵌在二氧化硅和氧化钙等氧化物中，
这增加了锗提取的难度。

　　锗尘经过 600 ℃处理后，锗尘的矿物组成可能会发生变化，所以将未去碳的
锗尘直接铺撒在导电胶上，喷金后用扫描电镜和能谱检测其形貌和锗在颗粒间分
布，未去碳锗尘形貌和能谱检测结果如图 3-4 和表 3-3 所示。

　　从图 3-4 可见，未去碳锗尘颗粒呈现多种形貌，有球状、絮状、短棒状，有
的颗粒光滑致密，有的粗糙。从表 3-3 中能谱成分分析结果可见，未去碳锗尘有
高硅相、富铁相、碳等，但各颗粒中，锗含量（质量分数）最高的仅为 0.47%，
锗含量（质量分数）最低的仅 0.12%，说明锗分散地存在于锗尘中各相中。

　　锗尘物相分析和颗粒形貌及能谱分析结果显示，如果不除碳，锗尘中锗分散
地存在于锗尘中的各相中，很难用浮选的方法进一步富集，除碳后的锗尘存在锗
的富集相，锗以 $Mg_3Fe_2GeO_8$ 复合化合物的形式存在，但这种复合氧化物与 Si 和
Ca 的氧化物共生，相互镶嵌，颗粒较细，也很难以选矿的方式进行分离富集。

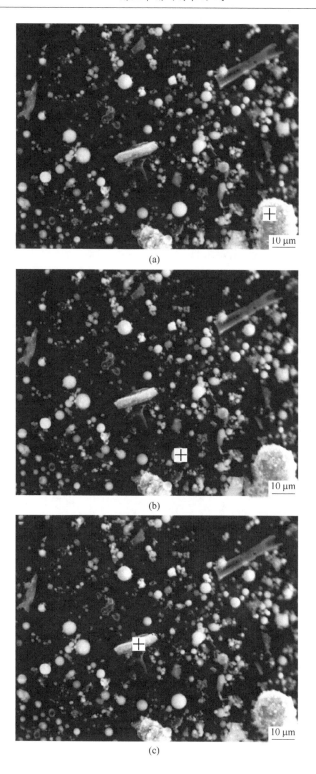

(a)

(b)

(c)

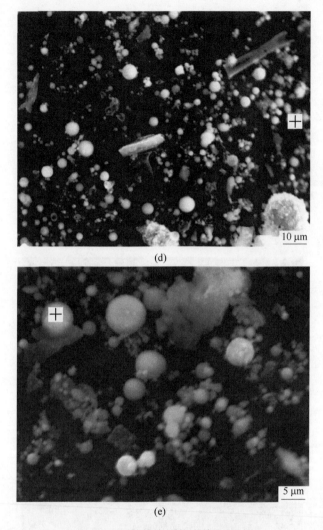

图 3-4 原始锗尘颗粒形貌及能谱

(a) 铁氧化物颗粒；(b) 复合氧化物颗粒；

(c) 碳颗粒；(d) 高硅颗粒；(e) 复合氧化物颗粒

彩图

表 3-3 原始锗尘颗粒能谱

序号	$w(C)/\%$	$w(O)/\%$	$w(Mg)/\%$	$w(Al)/\%$	$w(Si)/\%$	$w(Mo)/\%$	$w(Ca)/\%$	$w(Fe)/\%$	$w(Ge)/\%$
a	8.56	35.35	1.62	2.05	3.01	1.06	0.96	46.91	0.47
b	37.61	35.67	1.97	5.15	9.72	1.84	3.31	4.39	0.34
c	67.37	21.28	1.9	0.83	1.60	3.76	0.53	2.61	0.12
d	38.21	37.98	0.77	1.85	17.29	0.80	0.45	2.32	0.33
e	30.86	41.14	1.61	7.87	11.33	1.01	0.64	5.33	0.22

3.3 锗尘的基础物理特性

锗尘的基础物理特性主要是指锗尘的熔点和黏度，同时应该考虑锗尘熔化后的电导率。二次火法富集通过锗尘中 GeO_2 被还原为 GeO 挥发而再次富集，熔点和黏度影响二次富集后的排渣，黏度高不能排渣，且 GeO 气体难以形核、长大和从渣中排出，黏度低对炉衬的冲刷作用太强，炉衬的侵蚀加重，寿命低，所以需要对锗尘的熔点和黏度进行研究。

3.3.1 锗尘的熔点

对于氧化物的加热处理一般在电弧炉中进行，炉渣的导电可以通过两种方式来提高：一是配入合适的碳粉，用碳导电；二是渣熔化后通过渣中带电离子的移动导电，锗尘熔点高低，影响高温火法二次富集过程的工艺制度。

锗尘成分和物相检测结果显示，锗尘中二氧化硅与 Al_2O_3 含量（质量分数）之和在 42% 以上，而锗尘中氧化钙和氧化镁含量（质量分数）之和仅为 11% 左右，锗尘四元碱度在 0.25 左右。酸性渣中硅酸根阴离子团结构复杂，移动困难，黏度高，流动性低，富集后排渣不畅。为使硅酸根阴离子团解体，增加熔渣的流动性，火法再次富集时配入一定量石灰。高炉渣二元碱度在 1.1 左右，流动性好，后期二次利用技术成熟。锗尘的原始二元碱度为 0.25，结合高炉渣碱度，并考虑后期碱度对锗尘中锗还原挥发影响，锗二次火法富集时考虑将碱度调整为 0.25~1.5。由于锗尘中碳含量不稳定，熔点测试时碳含量调整为 3~6。

锗尘熔点测试采用半球点法，在锗尘中添加一定量酒精，用三层不锈钢模具，手动制备出 $\phi 3\ mm \times 3\ mm$ 的圆柱形试样，并放在刚玉底片上待测。测试用东北大学生产的熔渣综合性能测试仪，升温速度为 10 ℃/min，炉温到达 600 ℃后，将试样推入炉内，测试仪根据摄像头影像自动识别试样高度降低到原始高度一半时温度，作为试样的熔点。

熔点测试实验采用正交实验，见表 3-4。锗尘原始碱度为 0.25，此因素四个水平为 0.25、0.5、1、1.5，碳含量（质量分数）因素设定为 3%、4%、5%、6%，熔点测试结果见表 3-4，表 3-4 同时给出了正交实验极差分析结果，极差结果如图 3-5 和图 3-6 所示。

由调整碱度和碳含量的锗尘熔点正交分析结果可知，碱度对熔点影响的极差为74.12，碳含量对锗尘熔点影响极差为10.95，碱度对熔点的影响大于碳含量。所测试的组分中，碱度为 0.5，碳含量（质量分数）为 4% 时熔点最低为 1176.9 ℃，正交实验测定所有组分中熔点最高的组分为碱度 1.5，碳含量（质量分数）为 3% 的锗尘，其熔点为 1262.2 ℃。所测试的组分熔点都低于 1262.2 ℃，熔点都较低。

表3-4　锗尘熔点测试方案及结果

序号	碱度	碳含量（质量分数)/%	熔点/℃
1	0.25	3	1241.2
2	0.25	4	1244.5
3	0.25	5	1243.9
4	0.25	6	1230.2
5	0.5	5	1181.5
6	0.5	6	1181.2
7	0.5	3	1177.5
8	0.5	4	1176.9
9	1.0	6	1201.9
10	1.0	5	1204.9
11	1.0	4	1204.9
12	1.0	3	1212.5
13	1.5	4	1258.9
14	1.5	3	1262.2
15	1.5	6	1233.9
16	1.5	5	1261.5
K1	4959.8	4889.4	
K2	4717.1	4881.2	
K3	4824.2	4887.8	
K4	5016.5	4843.2	
k1	1239.95	1222.35	
k2	1179.28	1220.3	
k3	1206.05	1221.95	
k4	1254.13	1210.8	
R	74.12	10.95	

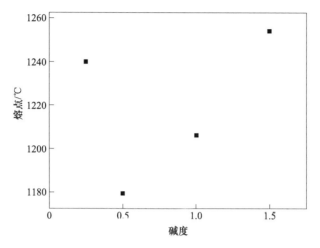

图 3-5 锗尘二元碱度对锗尘熔点的影响

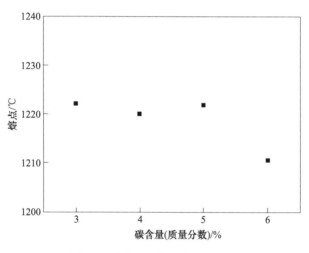

图 3-6 碳含量对锗尘熔点的影响

3.3.2 锗尘的黏度

高温下黏度是熔渣的另外一个重要物理特性，黏度影响渣的传质和流动性。

锗尘中碳会影响黏度的测量，黏度测量前先在 600 ℃ 空气气氛下去碳，黏度测量用石墨坩埚，为了降低炉渣中铁氧化物对石墨坩埚的烧损，先将黏度测试炉升温到 1600 ℃，之后放入装有锗尘的石墨坩埚，头批料熔化后用石墨套筒加入第二批料。由于钼测头在氧化性渣中容易烧损，测试用石墨测头，黏度测量采用降温测黏度的方式，降温速度为 10 ℃/min。

图 3-7 为锗含量（质量分数）0.54%的第一批锗尘为 1280~1600 ℃的黏度曲线。在所测试的温度范围内，锗尘的黏度从 0.279 Pa·s 增加到 1.89 Pa·s，与流动性较好的高炉渣黏度对比，锗尘的黏度高，流动性差。锗含量（质量分数）为 0.36%的第二批锗尘黏度曲线如图 3-8 所示，该锗尘的黏度为 1280~1600 ℃的黏度比第一批锗尘黏度更高，而且在所测试的温度范围内，黏度变化更剧烈，1600 ℃时黏度为 0.258 Pa·s，到测试结束时，锗尘黏度达到了 4 Pa·s 以上。第二批锗尘中二氧化硅含量较高，达到了 46%以上，四元碱度仅为 0.20，第一批锗尘二氧化硅含量比第二批低 14%，黏度有所降低。

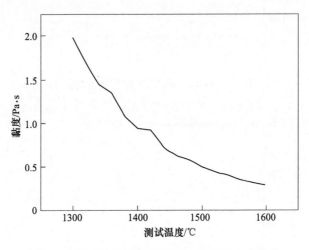

图 3-7 锗含量（质量分数）0.54%锗尘黏度曲线

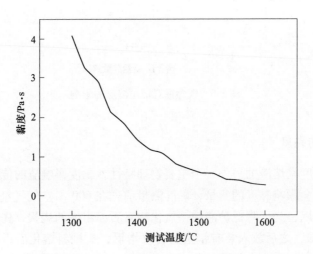

图 3-8 锗含量（质量分数）0.36%锗尘黏度曲线

用 FactSage8.0 软件计算了两种锗尘随温度变化过程相的变化规律，如图 3-9 和图 3-10 所示，可见两种锗尘虽然成分相差较大，特别是二氧化硅含量（质量分数）相差 10% 左右，但是液相生成温度和全部熔化温度接近，二者黏度也接近。从二者析出的固相看，含锗 0.36% 的第二种锗尘二氧化硅含量高，在冷却过程中有二氧化硅析出，而含锗 0.54% 的第一种锗尘二氧化硅含量比第二种锗尘低约 10%，冷却过程没有二氧化硅析出，而是以硅酸盐的形式析出，二氧化硅是强酸性物质，在渣中易形成网络结构，这也是第二种锗尘降温过程黏度变化剧烈的原因。

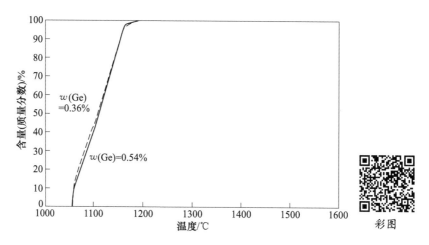

彩图

图 3-9 两种锗尘液相量与温度间关系

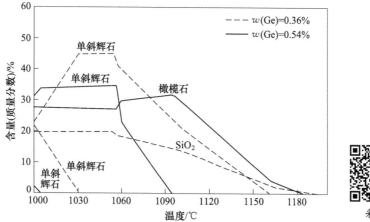

彩图

图 3-10 两种锗尘冷却过程析出相

为了改善锗尘熔化后的流动性，在锗尘中加入一定量的石灰，将碱度调整为1.0 和 1.5，再测试其黏度，结果如图 3-11 和图 3-12 所示。

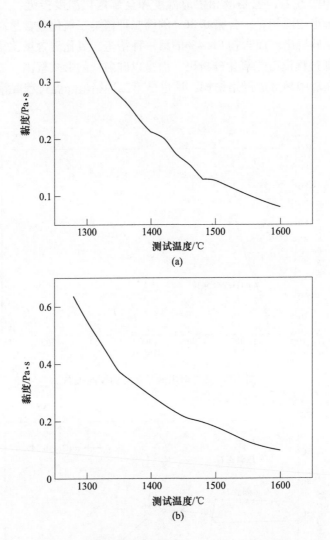

图 3-11　调整碱度后含锗量 0.54% 锗尘黏度曲线

(a) $R=1.0$；(b) $R=1.5$

将两批锗尘碱度都分别调整为 1.0 和 1.5 后，两种锗尘的黏度在 1600 ℃ 都降低到了 0.098 Pa·s，测试终点黏度在 0.6 Pa·s 以下，高炉渣黏度为 0.3~0.5 Pa·s，具有良好的流动性，说明锗尘调整黏度后能够满足排渣要求。为了降低二次富集过程的外配物质量，选择碱度以 1.0 为宜。

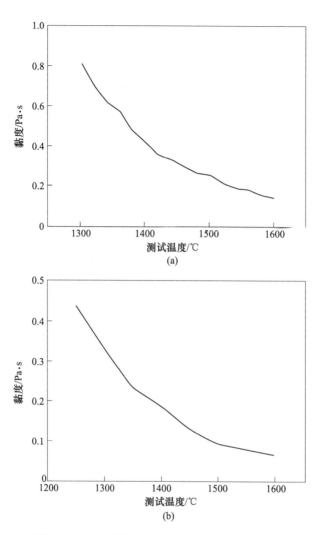

图 3-12 调整碱度后含锗量 0.36%锗尘黏度曲线

(a) $R=1.0$; (b) $R=1.5$

3.4　锗尘造块方式及性能

锗尘为锅炉布袋除尘灰，粉体较细，二次富集过程电弧炉加料时，加料速度慢，锗尘会被高温气流带出或被除尘风机抽走，二次富集过程尘量增大，二次富集品位降低，富集效果差。为了提高装料致密度和减少吹损，降低二次火法富集过程除尘灰量，需要对锗尘进行造块。工业生产中常用的造块方法有压球法和球团法两种，实验室没有压球设备，所以采用压片法代替压球法进行实验。

3.4.1　压片法造块

锗尘本身由于含有一定量的碳，成球性偏差，需要加入一定量的黏结剂。为了降低成本，本实验选用水泥为黏结剂，为了调节碱度，造块的时候同时加入一定量的石灰。锗尘、黏结剂混匀后加入一定量的水，消化一定时间后压片，之后测试其强度。

将锗尘与锗尘量含量（质量分数）30%的石灰和锗尘量含量（质量分数）3%的水泥用棒磨机混匀3 h，加入15%的水混匀1 h，之后取出放入烧杯，在空气中静置消化48 h。作为对比，另一批料仅加石灰，不添加水泥，处理流程与前面一组一致。

将消化好的原料调节湿度，使其总的水量约40%，采用ϕ20 mm的模具在液压机上压片，表压5 MPa，保压时间为1 min，锗尘片空气中自然阴干48 h。用电子万能试验机测试锗尘片的抗压强度，表3-5为加黏结剂和不加黏结剂两批料锗尘片的抗压强度。锗尘中加入水泥黏结剂后，锗尘片的抗压强度从不加黏结剂的7.9 kN提升到了12.1 kN。添加黏结剂的锗尘片有两种强化方式：一是水泥的水硬化反应固结；二是添加的石灰与水反应生成$Ca(OH)_2$，之后再与空气中CO_2反应生成$CaCO_3$固结，所以添加水泥的强度有较大的提升，但不加黏结剂的锗尘片也具有较高的强度，能满足电弧炉加料的要求。

表3-5　压片成型后锗片抗压强度

是否加黏结剂	所能承受的最大压力/kN
是	12.1
否	7.9

3.4.2　球团法造块

球团法造块是常用的一种造块方法，其工艺简单，球团法一般强度都较低，球团法影响因素较多。

3.4.2.1 水泥对球团方式造块的影响

将锗尘与锗尘量含量（质量分数）30%的石灰和锗尘量含量（质量分数）3%的水泥用棒磨机混匀3 h，加入15%的水混匀1 h，之后取出放入烧杯，在空气中静置消化48 h。作为对比，另一批料仅加石灰，不添加水泥，处理流程与前面一组一致。

将消化好的锗尘进行造球，球团直径约10 mm，调节湿度使总的水量约40%。在空气中阴干48 h，之后测量球团的强度，两种方式球团抗压强度见表3-6。采用造球盘造球的方式时，水泥对球团的强度影响很小，可以不加水泥。

表3-6　球团抗压强度

是否加黏结剂	抗压强度/kN
是	0.015
否	0.011

3.4.2.2 消化时间对球团强度的影响

消化时间影响生产效率，消化时间越短，生产效率越高。锗尘中加入锗尘含量（质量分数）30%的石灰用棒磨机混匀3 h，之后配入15%的水，继续混匀1 h。混匀后移入烧杯中，在空气中分别消化1 h、3 h、6 h和8 h。消化后，对混合料造球，球径约11 mm。实验测试了干燥前生球的落下强度，采用炼铁球团落下强度的测试方法，生球落下强度见表3-7，增加消化时间，生球落下强度反而降低，这与消化时间延长，生球中水分含量降低而还没有生成$CaCO_3$有关。

表3-7　干燥前生球落下强度

消化时间/h	1	3	6	8
平均落下次数/次	2.2	1.4	1.3	1.1

将生球在空气中阴干48 h，观察球团外观变化情况，如图3-13所示，发现加30%石灰的锗球，消化1 h、3 h、6 h均发生粉化，消化时间越短，粉化越严重，经过8 h消化的球团保持完整的形状，锗尘造球前消化时间应该大于8 h。

锗尘添加石灰及加水后，消化时间短，则氧化钙与水反应不完全，后期还会继续膨胀，造成球团粉化。消化好的锗尘中氢氧化钙在空气里与二氧化碳反应，生成碳酸钙，碳酸钙硬化，从而提高球团强度。

图 3-13　干燥过程锗球形貌

(a) 消化 1 h；(b) 消化 3 h；(c) 消化 6 h；(d) 消化 8 h

彩图

3.4.2.3　CaO 含量对球团强度的影响

在第二批锗尘中分别加入 15% 和 30% 的 CaO，约 15% 的水，分别消化 1 h、3 h、5 h、6 h、8 h。将消化好的原料进行球团方式造块，球团直径约 10 mm，调节湿度后总的水量约 40%。将造好的球在空气中阴干 48 h，发现配加 15% 的石灰的锗尘消化 6 h，干燥后生球保持完好的形状，不粉化，配加 30% 石灰的锗尘，消化 8 h 并干燥后的生球才能保持完整。

配加 15% 石灰、消化 6 h 的锗尘球和配加 30% 石灰、消化 8 h 的锗尘球强度，见表 3-8。加入不同比例的石灰，氧化钙含量越低，需要的消化时间越短，氧化钙含量越高，需要消化的时间越长，干燥后（氧化钙含量增加）球团抗压强度会提高，但球团强度提升幅度较小，整体偏低。

表 3-8　石灰含量对球团强度的影响

石灰添加量/%	最短消化时间/h	抗压强度/kN
15	6	0.011
30	8	0.013

3.4.2.4　干燥速度对锗球强度的影响

锗尘中加入 30%CaO，约 15% 的水，消化 8 h，之后调整水量，造球，锗球直径约 11 mm。为了考察干燥速度对球团强度的影响，采用两种干燥方式：一是 110 ℃ 下干燥 2 h，二是放置于空气中缓慢干燥 2 天，之后用电子万能试验机测试锗球抗压性，不同干燥速度锗球强度见表 3-9。快干锗球强度低，为 5.1 N，缓慢干燥的锗球强度为 13 N。干燥箱中快速干燥，水分损失快，不利于空气中 CO_2 与氢氧化钙反应生产 $CaCO_3$，锗尘中生成的 $CaCO_3$ 是锗尘团固结的黏结相，是球团强度的来源。

表 3-9 不同干燥速度下锗球抗压强度

干燥方式	抗压强度/kN
快速干燥	0.0051
缓慢干燥	0.013

3.4.2.5 球团堆比重

锗尘中分别加入 15% 和 30% 的 CaO，约 15% 的水，分别消化 6 h 和 8 h。将消化好的原料用造球盘造球，球团直径约 11 mm，放在空气中阴干 48 h，之后测其堆比重。表 3-10 为添加不同石灰后锗球的堆比重。锗球的堆比重随着氧化钙的增加有所提升，当加入 30% 的石灰时，锗球的堆比重比锗尘高，有利于加料。

表 3-10 加入不同比例的 CaO 对堆比重的影响

不同比例的 CaO	堆比重/(g·cm⁻³)	堆比重的变化
初始锗尘	0.61	0
加入 15%CaO	0.58	降低 4.92%
加入 30%CaO	0.70	增加 14.75%

从锗尘造块结果看，球团方式造块后，锗球强度低，抗压强度最高仅为 13 N，落下强度仅为 1 次，当料层较厚，或落下高度较高，或需要多次转运时，锗球很容易碎裂，而压球方式造块后，锗球强度高，生产周期短，生产效率高，所以对锗尘建议采用压球的方式造块。

3.5　本　章　小　结

（1）锗尘中二氧化硅含量（质量分数）在30%以上，全铁含量高，这与一般粉煤灰有较大区别，Al_2O_3 含量较为稳定，锗尘中 As 含量为锗含量的 2 倍以上，需要注意砷对锗富集的影响。

（2）锗尘中锗分散地存在于锗尘的各相中，很难用浮选的方法进行富集，去碳后的锗尘，有富锗相 $Mg_3Fe_2GeO_8$，但与 Si 和 Ca 的氧化物共生，相互镶嵌，颗粒较细，也很难以选矿的方式进行分离富集。

（3）锗尘的碱度为 0.25~1.5 时，锗尘的熔点低于 1263 ℃，碱度对锗尘熔点有较大的影响；原始锗尘中二氧化硅和 Al_2O_3 含量较高，黏度高，调整碱度为 1.0 或 1.5 后黏度能够满足要求，以降低消耗为原则，建议碱度为 1.0。

（4）以球团方式造块，锗球强度低，最高仅为 13 N，落下强度仅为 1 次，在转运或加料的过程中，锗球很容易碎裂，而以压球方式造块所得锗球强度高，生产周期短，生产效率高，建议锗尘采用压球的方式造块。

4 GeO_2 与氧化物间相互作用

内蒙古锡林浩特地区部分褐煤含有较高的锗，储量较大，目前提取工艺为：褐煤用于燃煤锅炉发电，收集除尘灰，即火法一次富集，一次富集后锗品位一般在0.8%以下。锗尘中成分比较复杂，含有大量的二氧化硅、铁氧化物、氧化镁和氧化钙等氧化物，这些氧化物在高温下会与 GeO_2 发生反应，势必对火法二次富集和后期湿法提取产生影响，本章将针对这个问题进行研究。

4.1 SiO₂ 对 GeO₂ 物相及浸出蒸馏提取的影响

4.1.1 SiO₂ 与 GeO₂ 高温处理实验

实验原料选用内蒙古锡林郭勒蒙东锗业科技有限公司提供的锗尘，主要成分含量见表 3-1。从锗尘成分可见，锗尘中含有大量的 SiO_2、Al_2O_3、CaO、Fe_2O_3、MgO 等，锗含量（质量分数）较低，仅为 0.36%。锗尘中 GeO_2 能够与二氧化硅形成固溶体，不利于后期蒸馏或进一步富集，对后期处理也不利。

图 4-1 为 SiO_2-GeO_2 相图，二氧化硅与 GeO_2 之间不形成复合化合物，而二氧化硅和 GeO_2 之间在不同的温度区间都能够形成固溶体，由于二氧化硅的包裹作用，使 GeO_2 很难用盐酸蒸馏而挥发出来。为进一步探究温度对 GeO_2、SiO_2 混合物锗浸出的影响，根据 GeO_2-SiO_2 相图，选取二氧化硅和 GeO_2 两者间物质的量之比为 1:1，选择温度分别为 700 ℃、1000 ℃、1140 ℃ 以及 1200 ℃，如图 4-1 中各点，保温时间 6 h，之后分析能够用盐酸浸出蒸馏而提取的锗含量，以研究渣中二氧化硅对 GeO_2 蒸馏回收的影响。由于锗尘中二氧化硅含量较高，同时研究不同二氧化硅与 GeO_2 物质的量之比对 GeO_2 蒸馏回收的影响，实验条件和配比见表 4-1，其中第 7、8 组用于考察氧化钙对 SiO_2-GeO_2 体系中 GeO_2 的存在方式及蒸馏提取的影响。实验以 GeO_2 和二氧化硅为原料，按照不同的物质的量进

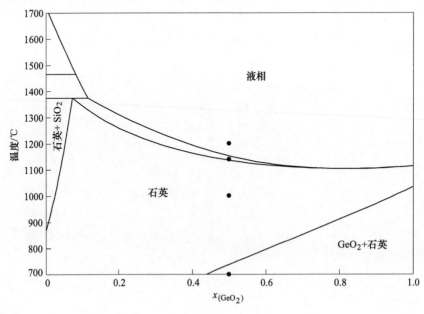

图 4-1 GeO₂-SiO₂ 相图

行配料，混匀后在高温炉中进行焙烧，焙烧时间为 6 h，冷却到室温后，在玛瑙研钵中磨至 75 μm 以下，分析混合物的物相，并用盐酸进行蒸馏，分析二氧化硅对 GeO₂ 富集提取的影响。

表 4-1 实验方案

| 序号 | 原料配比/mol | | | 质量分数/% | | | 焙烧温度/℃ |
	SiO_2	GeO_2	CaO	SiO_2	GeO_2	CaO	
1	1	1	—	37.87	62.13	—	700
2	1	1	—	37.87	62.13	—	1000
3	1	1	—	37.87	62.13	—	1140
4	1	1	—	37.87	62.13	—	1200
5	3	1	—	64.65	35.35	—	1200
6	5	1	—	74.42	24.42	—	1200
7	1	1	1	28.44	46.67	24.89	1140
8	5	1	1	66.53	21.83	11.64	1200

4.1.2 SiO₂ 对高温处理后氧化锗物相的影响

4.1.2.1 温度对 SiO₂-GeO₂ 体系物相的影响

二氧化硅与 GeO₂ 物质的量比为 1：1 的实验组分，焙烧冷却后的混合物的 X 射线衍射图谱如图 4-2 所示。二氧化硅与 GeO₂ 两者在 700 ℃ 与 1000 ℃ 处理后，X 射线衍射图谱中存在 GeO₂ 和二氧化硅两相，通过 X 射线衍射半定量计算 GeO₂ 和二氧化硅相对含量，结果见表 4-2，与配料相比，两个温度处理后 GeO₂ 的含量都有所下降，GeO₂ 含量（质量分数）从 62.13% 降低到 41.76% 和 47.84%，二氧化硅含量（质量分数）都有所增加，从 37.87% 增加到 58.24% 和 52.16%，说明部分 GeO₂ 溶于了二氧化硅中。Ge^{4+} 离子半径（离子半径 0.053 nm）较大，替代 Si^{4+}（离子半径 0.04 nm）形成固溶体，引起晶面的间距增大，相应的二氧化硅的衍射峰向低角度偏移。1140 ℃ 处理时只出现了两种不同晶型的二氧化硅，没有 GeO₂ 衍射峰存在，1200 ℃ 时，也只检查到了二氧化硅，没有 GeO₂ 存在。GeO₂ 固溶于二氧化硅中，二氧化硅很难与盐酸反应，将影响后期 GeO₂ 的蒸馏提取。

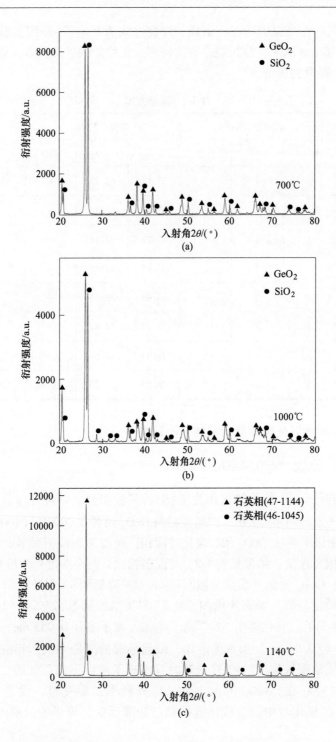

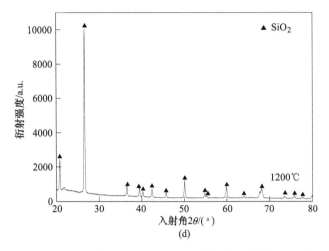

图 4-2 不同温度下 GeO₂ 与 SiO₂ 混合物的 X 射线衍射图谱

（a）700 ℃处理；（b）1000 ℃处理；（c）1140 ℃处理；（d）1200 ℃处理

表 4-2 SiO₂ 和 GeO₂ 在 700 ℃和 1000 ℃处理后各相含量

物质	RIR	处理温度			
		700 ℃		1000 ℃	
		峰面积/cps	含量（质量分数）/%	峰面积/cps	含量（质量分数）/%
GeO₂	7.50	118077	41.76	108085	47.84
SiO₂	3.41	74877	58.24	53577	52.16

为了确定 GeO₂ 溶解于二氧化硅中所需时间，将物质的量之比为 1：1 的 GeO₂ 和二氧化硅，在 1140 ℃下分别保温 1 h、3 h、5 h，之后随炉缓慢冷却，磨细过 0.074 mm 筛子，测量处理后物质物相。

图 4-3 为 1140 ℃保温不同时间后物质的 X 射线衍射图谱，可见，1140 ℃保温 1 h 时，GeO₂ 并不能完全溶解于二氧化硅中，保温 3 h 时 GeO₂ 也不能完全溶解，但 GeO₂ 和二氧化硅的衍射峰强度相对值发生明显变化，GeO₂ 的衍射峰强度降低和二氧化硅的衍射峰强度升高，说明随保温时间延长，GeO₂ 在二氧化硅中的固溶量增加，当保温时间为 5 h 时，X 射线衍射图谱中不出现 GeO₂ 的衍射峰，说明保温 5 h GeO₂ 才能够全部溶于二氧化硅中。

4.1.2.2 SiO₂ 与 GeO₂ 不同比例对存在形态的影响

二氧化硅与 GeO₂ 不同配比在 1200 ℃焙烧 6 h 后 X 射线衍射物相检测结果如

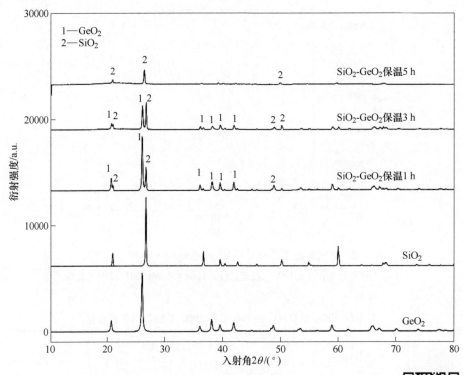

图 4-3　GeO₂-SiO₂ 1140 ℃处理不同时间后 X 射线衍射图谱

彩图

图 4-4 所示，可见，各组没有检查到 GeO₂ 的存在，只检测到二氧化硅，GeO₂ 全部溶进二氧化硅中。

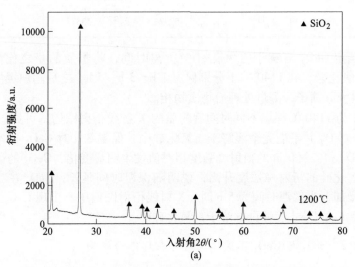

(a)

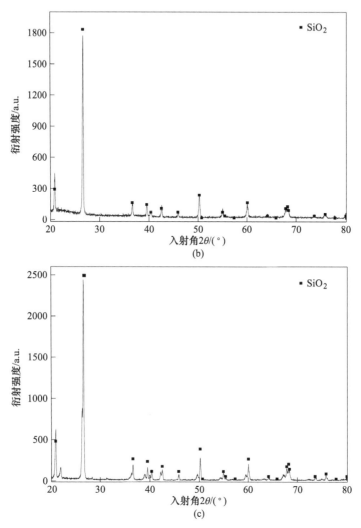

图 4-4　SiO₂ 不同比例对高温处理后 GeO₂ 物相的影响

（a）$n_{SiO_2} : n_{GeO_2} = 1 : 1$；（b）$n_{SiO_2} : n_{GeO_2} = 3 : 1$；（c）$n_{SiO_2} : n_{GeO_2} = 5 : 1$

4.1.2.3　CaO 对 SiO₂-GeO₂ 系存在形态的影响

在 SiO₂-GeO₂ 二元系中添加氧化钙，形成 SiO₂-GeO₂-CaO 三元系，添加氧化钙后体系物相检测结果如图 4-5 所示。由图 4-5 可见，SiO₂-GeO₂-CaO 三元系高温处理后没有检测到 GeO₂，只检测到了二氧化硅，GeO₂ 会优先于二氧化硅与氧化钙结合生成 CaGeO₃，而没有检测到氧化钙与二氧化硅之间形成的化合物，但该体系 X 射线衍射图谱中，二氧化硅的衍射峰有所偏移，说明有部分 GeO₂ 溶于二氧化硅中形成了固溶体。CaGeO₃ 化合物对后期蒸馏提取锗的影响目前还不明确，需要进一步研究。

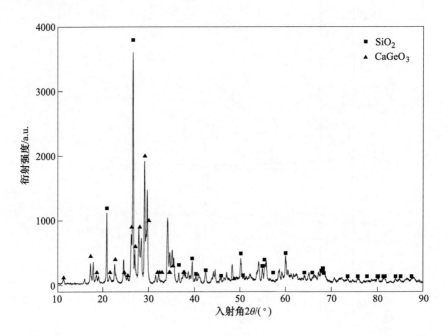

图 4-5　1140 ℃下 $n(\mathrm{GeO_2}) : n(\mathrm{SiO_2}) : n(\mathrm{CaO}) = 1 : 1 : 1$ 的 X 射线衍射图谱

4.1.3　SiO₂ 对 GeO₂ 蒸馏提取的影响

对于含锗原料，一般采用与浓盐酸反应（HCl），形成 GeCl₄，GeCl₄ 在 83.1 ℃ 气化，再冷凝，从而达到分离提取的目的。本次实验采用盐酸浸出蒸馏再滴定的方法，研究二氧化硅对 GeO₂ 浸出蒸馏提取的影响。

表 4-3 为不同温度下二氧化硅和 GeO₂ 物质的量相同时锗的浸出情况。随着两者处理温度增加，二氧化硅、GeO₂ 高温处理后混合物锗的浸出率下降，处理温度为 1140 ℃时，锗的浸出率最低，只有 11.48%，1200 ℃ 处理时，锗的浸出率也仅有 11.81%。X 射线衍射检测显示，在 1140 ℃和 1200 ℃下 GeO₂ 能够全部溶于二氧化硅中，并且检测不到 GeO₂ 衍射峰。SiO₂-GeO₂ 二元相图显示，在两者等摩尔比的配比下，温度高于 750 ℃后，GeO₂ 全部溶解于二氧化硅中。由于二氧化硅熔体黏度较大，空冷冷速较快，限制了冷却过程 GeO₂ 的析出，导致高温处理后很难检测到 GeO₂，也降低了锗的湿法提取回收率。

表4-3 不同温度下等摩尔比锗的浸出情况

序号	温度/℃	摩尔比	理论锗含量（质量分数）/%	测量酸溶锗/%	浸出率/%
1	700	$n_{SiO_2} : n_{GeO_2} = 1:1$	43.20	36.12	83.61
2	1000	$n_{SiO_2} : n_{GeO_2} = 1:1$	43.20	11.33	26.23
3	1140	$n_{SiO_2} : n_{GeO_2} = 1:1$	43.20	4.96	11.48
4	1200	$n_{SiO_2} : n_{GeO_2} = 1:1$	43.20	5.10	11.81
7	1140	$n_{SiO_2} : n_{GeO_2} : n_{CaO} = 1:1:1$	32.44	28.71	88.50

表4-4 为 1200 ℃下二氧化硅与 GeO₂ 处理 6 h 后盐酸蒸馏滴定结果。从表4-4 可见二氧化硅含量越高，GeO₂ 固溶于二氧化硅后，二氧化硅中 GeO₂ 浓度越低，盐酸浸出越困难，锗的收得率会越低。

表4-4 1200 ℃下 SiO₂ 对 GeO₂ 浸出蒸馏提取的影响

序号	物质的量配比	理论锗含量（质量分数）/%	测量酸溶锗/%	浸出率/%
4	$n_{SiO_2} : n_{GeO_2} = 1:1$	43.20	5.10	11.81
5	$n_{SiO_2} : n_{GeO_2} = 3:1$	24.58	3.38	13.75
6	$n_{SiO_2} : n_{GeO_2} = 5:1$	17.18	1.98	11.53
8	$n_{SiO_2} : n_{GeO_2} : n_{CaO} = 5:1:1$	15.18	11.39	75.03

为降低二氧化硅对锗湿法提取的影响，实验研究了氧化钙对 SiO₂-GeO₂ 体系锗回收的影响。第 7 组实验是与第 3 组实验的对比实验，即在 1140 ℃下加入氧化钙，使 SiO₂、GeO₂、CaO 三者在混合物中具有相同的物质的量，此时混合物理论锗含量（质量分数）32.44%，酸溶锗 28.71%，湿法浸出回收率为 88.50%。1140 ℃下 GeO₂-SiO₂-CaO 三元系中存在二氧化硅和 CaGeO₃，氧化钙破坏了二氧化硅与 GeO₂ 间的固溶体，说明 CaGeO₃ 中的 Ge 元素易被盐酸蒸馏浸出，利于锗的回收。

第 8 组实验是在第 6 组的基础上，添加了一定量的氧化钙，使 SiO₂、GeO₂、CaO 三者摩尔比为 $n_{SiO_2} : n_{GeO_2} : n_{CaO} = 5:1:1$。此时原料理论锗含量（质量分数）为 15.18%，测试处理后酸溶锗为 11.39%，锗湿法提取回收率为 75.03%，这较第 6 组未添加氧化钙，锗的回收率从 11.53% 提高到 75.03%。锗的浸出蒸馏实验说明添加的氧化钙易于与原料中的 GeO_2 结合，而降低了二氧化硅中 GeO_2 的固溶量，有效提高了锗的湿法提取回收率。氧化钙在高温状态下与 GeO_2 相结合，形成了氧化钙与 GeO_2 的复合锗酸盐，锗的湿法提取证明锗酸盐能与盐酸反应而被回收。由第 3 组和第 7 组实验结果与第 6 组和第 8 组实验结果对比可知，氧化钙能够降低二氧化硅对 GeO_2 湿法提取的不利影响。

4.2　CaO、Fe₂O₃ 对 GeO₂ 物相及浸出蒸馏提取的影响

锗尘中锗含量低，组成复杂，但都以氧化物的形式存在，氧化物会与锗尘中 GeO_2 反应或形成固溶体，GeO_2 与氧化物间作用和其对蒸馏提取的影响目前还未见报道，本节将研究锗尘中除二氧化硅外其他主要氧化物与 GeO_2 间作用及其对盐酸蒸馏浸出的影响。

4.2.1　CaO、Fe₂O₃ 与 GeO₂ 高温处理实验

粉煤灰中锗的提取主要采用盐酸蒸馏氯化法，GeO_2 存在六方相和四方相，其中六方相能够与盐酸反应生成气态的 $GeCl_4$ 而富集提取，四方相的 GeO_2 不与盐酸反应而不能富集提取。图4-6为实验用 GeO_2 的 X 射线衍射图谱，该 GeO_2 为纯六方相的 GeO_2，无四方相的 GeO_2，满足实验要求。

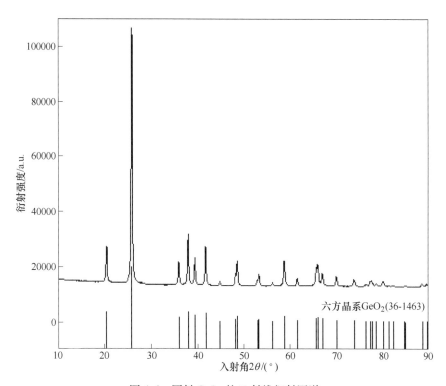

图 4-6　原料 GeO_2 的 X 射线衍射图谱

GeO_2 由四方相转变为六方相的相变温度为 1033 ℃，GeO_2 的熔点为 1115 ℃，本实验选择两个实验温度，一个选择在相变温度以下，即 1000 ℃，一个实验温

度选择在相变温度以上，但在熔点以下，即 1100 ℃，便于实验。相变温度以上只考虑氧化物间的反应，选择保温 6 h，实验温度在相变温度以下时，为了让相变充分进行，保温 54 h。

实验将对纯 GeO_2、GeO_2 与 CaO、GeO_2 与 Fe_2O_3 及 3 种或 4 种氧化物间相互作用关系进行研究，根据含锗粉煤灰的组分间比例，并且考虑便于实验后 X 射线衍射物相检测，设计的实验配比见表 4-5。

将原料按照表 4-5 的比例称好，在玛瑙研钵中混匀 1 h，之后移入刚玉坩埚中。将刚玉坩埚放入高温炉，升温到实验温度，到达保温时间后取出空冷，冷却后用玛瑙研钵磨细，用日本理学 X 衍射仪测量实验产物的物相。

物相检测后采用碘酸钾滴定法测量实验产物中的锗含量，测量过程分为蒸馏分离和还原滴定两个步骤。利用 $GeCl_4$ 的低沸点性质，经蒸馏与其他干扰元素分离。经高锰酸钾氧化，次亚磷酸钠还原，将+4 价锗全部还原成+2 价锗，在室温下以淀粉为指示剂，用碘酸钾进行滴定。此方法的优势在于操作简单、选择性好、结果准确。

表 4-5　高温实验原料配比　　　　　　　　　　（%）

序号	SiO_2	Fe_2O_3	GeO_2	CaO
1	—	—	100.00	—
2	75.00	—	25.00	—
3	—	—	48.31	51.69
4	—	75.00	25.00	—
5	72.73	—	18.18	9.09
6	57.14	28.57	14.29	—
7	53.33	26.67	13.33	6.67

4.2.2　各氧化物对高温处理后氧化锗物相的影响

4.2.2.1　GeO_2 高温处理后物相

图 4-7 为 GeO_2 在 1000 ℃下保温 54 h 和 1100 ℃下保温 6 h 后 X 射线衍射图谱，与标准卡片对比，两者均为六方相 GeO_2。两个实验温度一个选择在四方相和立方相间相变温度之上，一个实验温度选择在相变温度之下，即使经过长时间

保温（54 h），高温稳定的六方相 GeO₂ 也没有转变为低温稳定的四方相 GeO₂，说明六方相 GeO₂ 低温下虽然为次稳定相，但很难转变为四方相，六方相 GeO₂ 能与盐酸反应生成 GeCl₄，而四方相 GeO₂ 不能与盐酸反应，这对后期锗的盐酸蒸馏提取有利。

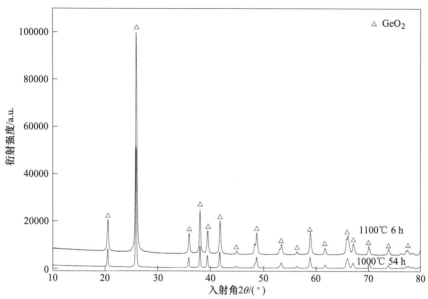

图 4-7　GeO₂ 不同温度处理后 X 射线衍射图谱

彩图

4.2.2.2　GeO₂ 和 CaO 高温处理后物相

图 4-8 和图 4-9 分别为 GeO₂ 和氧化钙混合物在 1000 ℃下保温 54 h 和在 1100 ℃下保温 6 h 后的 X 射线衍射图谱。GeO₂ 和氧化钙在 1000 ℃下处理 54 h 后存在 CaO、Ca₂GeO₄、Ca（GeO₃）三种物相，没有检测到 GeO₂ 的物相。1100 ℃下处理 6 h 后存在 CaO、Ca₂GeO₄、Ca（GeO₃）、Ca₅（Ge₃O₁₁）四种物相，同样也没有检测到 GeO₂ 的物相，GeO₂ 与二氧化硅性质接近能与氧化钙生成多种复合氧化物，复合氧化物的生成是否会对后期盐酸蒸馏湿法提取锗产生影响，需要进行蒸馏提取实验来确定。

4.2.2.3　GeO₂ 和 Fe₂O₃ 高温处理后物相

图 4-10 和图 4-11 分别为 GeO₂ 和三氧化二铁混合物在 1000 ℃下保温 54 h 和在 1100 ℃下保温 6 h 后的 X 射线衍射图谱。两种不同实验条件下处理后，混合物中都只存在 GeO₂ 和三氧化二铁两相，两者间没有化合物生成，其中 GeO₂ 仍然为酸溶性的六方相 GeO₂。采用 K 值法计算混合物中两相含量，计算所用到的

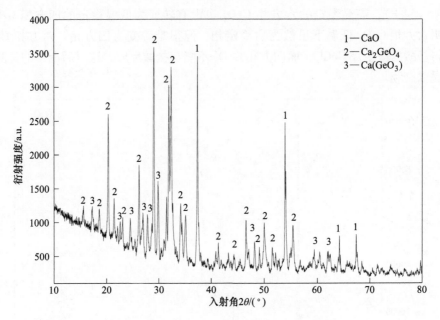

图 4-8　GeO₂ 和 CaO 1000 ℃下保温 54 h 物相

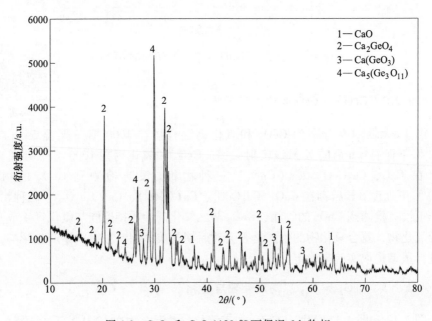

图 4-9　GeO₂ 和 CaO 1100 ℃下保温 6 h 物相

参数及计算结果见表4-6。在不同温度和时间处理下，两个体系中 GeO₂ 和三氧化二铁含量相近，与原始体系中 $w(GeO_2) = 25\%$ 和 $w(Fe_2O_3) = 75\%$ 相差不大，说明三氧化二铁与 GeO₂ 间没有相互作用，处理温度对两者影响不大。

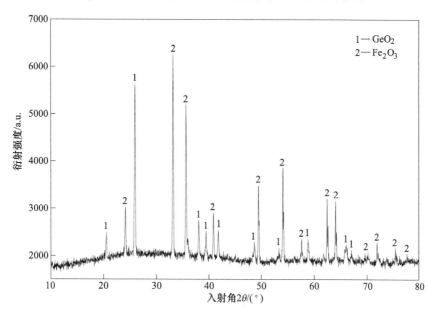

图 4-10　GeO₂ 和 Fe₂O₃ 1000 ℃下保温 54 h 物相

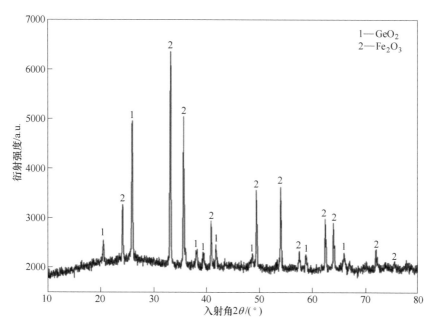

图 4-11　GeO₂ 和 Fe₂O₃ 1100 ℃下保温 6 h 物相

表 4-6　GeO₂ 和 Fe₂O₃ 在不同温度下处理后各相含量

物质	RIR	处理温度及含量			
		1000 ℃		1100 ℃	
		峰面积/cps	含量（质量分数）/%	峰面积/cps	含量（质量分数）/%
GeO₂	7.50	19615	23.9712	19616	23.9693
Fe₂O₃	2.40	19908	76.0288	19910	76.0307

4.2.2.4　GeO₂ 与 CaO、SiO₂ 高温处理后物相

图 4-12 和图 4-13 分别为 GeO_2、CaO 和 SiO_2 混合物在 1000 ℃下保温 54 h 和在 1100 ℃下保温 6 h 后的 X 射线衍射图谱。3 种氧化物在 1000 ℃下处理后生成了 $Ca_2Ge_7O_{16}$、$Ca(GeO_3)$ 两种复合氧化物，还有部分没有参与反应的二氧化硅和 GeO_2，这与 SiO_2、GeO_2 两种氧化物在 1000 ℃处理结果类似，但没有游离的氧化钙存在，其中 GeO_2 以六方相存在。1100 ℃处理后，只存在 3 种物质，即 SiO_2 和 $Ca_2Ge_7O_{16}$、$Ca(GeO_3)$ 两种复合氧化物，没有 GeO_2 和氧化钙存在，二氧化硅和 GeO_2 两种氧化物在 1100 ℃处理后也只存在二氧化硅，两者类似。

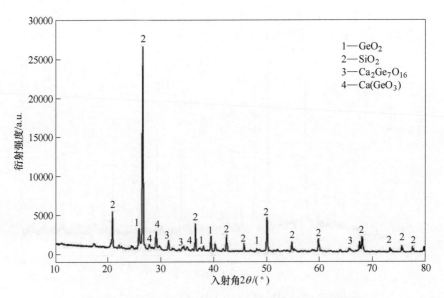

图 4-12　GeO₂、CaO 和 SiO₂ 1000 ℃下保温 54 h 后物相

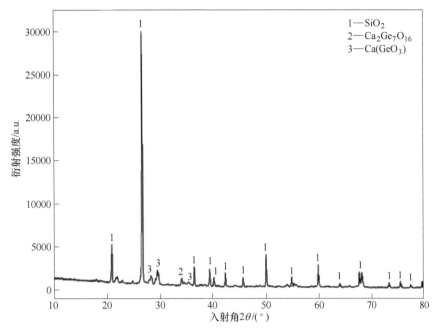

图 4-13   GeO₂、CaO 和 SiO₂ 1100 ℃下保温 6 h 后物相

4.2.2.5   GeO₂ 与 Fe₂O₃、SiO₂ 高温处理后物相

图 4-14 和图 4-15 分别为 GeO₂、Fe₂O₃ 和 SiO₂ 混合物在 1000 ℃下保温 54 h 和在 1100 ℃下保温 6 h 后的 X 射线衍射图谱。三种氧化物在不同温度下处理后存在 GeO₂、SiO₂ 和 Fe₂O₃ 三种氧化物，三种氧化物之间没有复合氧化物生成，采用 RIR 半定量方法计算三种物质的含量见表 4-7，可见三种氧化物在不同温度处理下含量基本保持不变。GeO₂、二氧化硅两种氧化物在 1000 ℃和 1100 ℃下处理时，高温下大量的 GeO₂ 会溶解于二氧化硅，但 GeO₂、三氧化二铁、二氧化硅三种氧化物一块处理时，只有少量的 GeO₂ 溶解于二氧化硅中，而且 GeO₂ 以六方相存在，这对后期湿法提取是有利的。

表 4-7   GeO₂、Fe₂O₃ 和 SiO₂ 在不同温度下处理后各相含量

物质	RIR	处理温度及含量			
		1000 ℃		1100 ℃	
		峰面积/cps	含量（质量分数）/%	峰面积/cps	含量（质量分数）/%
GeO₂	7.50	19101	11.3481	19448	11.4947
Fe₂O₃	2.40	13021	24.1746	13175	24.3344
SiO₂	3.41	49344	64.4773	49364	64.1709

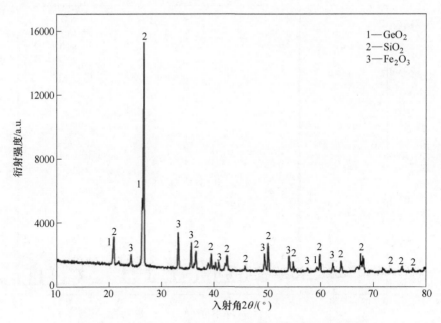

图 4-14　GeO₂、Fe₂O₃ 和 SiO₂ 1000 ℃下保温 54 h 后物相

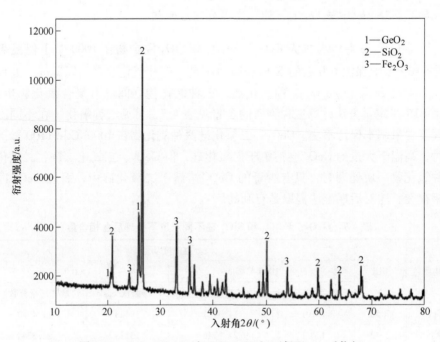

图 4-15　GeO₂、Fe₂O₃ 和 SiO₂ 1100 ℃下保温 6 h 后物相

4.2.2.6 GeO$_2$ 与 Fe$_2$O$_3$、SiO$_2$ 和 CaO 高温处理后物相

图 4-16 和图 4-17 分别为 GeO$_2$、Fe$_2$O$_3$、SiO$_2$ 和 CaO 混合物在 1000 ℃ 下保温 54 h 和 1100 ℃ 下保温 6 h 后的 X 射线衍射图谱。1000 ℃ 处理后，体系中存在 GeO$_2$、SiO$_2$、Fe$_2$O$_3$、Ca$_3$Fe$_2$(GeO$_4$)$_3$、Ca$_2$Ge$_3$O$_{16}$ 五种物质，氧化钙全部参与了反应，形成了复合化合物，当处理温度升高到 1100 ℃ 后，只存在 SiO$_2$、Fe$_2$O$_3$、Ca$_3$Fe$_2$(GeO$_4$)$_3$ 三种物质，GeO$_2$ 全部溶于二氧化硅中或与三氧化二铁、氧化钙反应生成了 Ca$_3$Fe$_2$(GeO$_4$)$_3$。

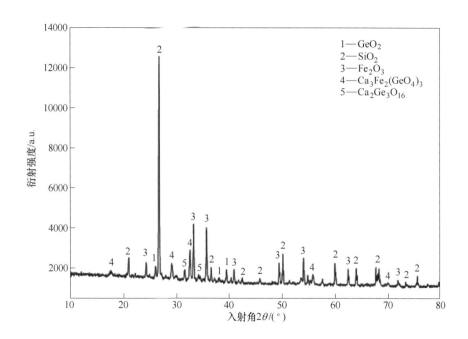

图 4-16　GeO$_2$、Fe$_2$O$_3$、SiO$_2$ 和 CaO 1000 ℃ 下保温 54 h 后物相

4.2.3　各氧化物对 GeO$_2$ 蒸馏提取的影响

高温下，GeO$_2$ 与氧化钙之间能够形成多种复合氧化物，GeO$_2$ 与二氧化硅在一定温度下能够形成连续固溶体，为了探究这些化合物或固溶体对锗浸出蒸馏的影响，实验测试了 7 个体系的盐酸蒸馏提取情况。

测试方法采用盐酸蒸馏滴定的方法，7 个高温处理后的试样盐酸浸出蒸馏结果见表 4-8，其中理论锗含量为计算值。

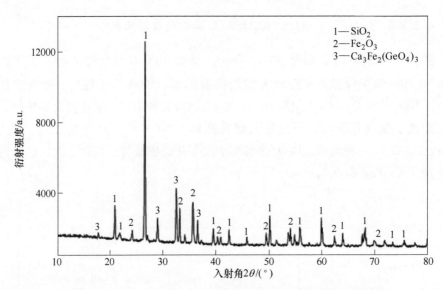

图 4-17 GeO$_2$、Fe$_2$O$_3$、SiO$_2$ 和 CaO 1100 ℃下保温 6 h 后物相

表 4-8 7 组试样酸溶锗含量

序号	理论酸溶锗含量（质量分数)/%	酸溶锗含量（质量分数)/%	
		1000 ℃ 处理	1100 ℃ 处理
1	69.52	61.92	61.81
2	17.38	14.61	6.12
3	33.59	31.74	31.74
4	17.38	14.93	15.39
5	12.64	10.85	9.75
6	9.93	2.41	2.11
7	9.27	8.23	8.23

　　由表 4-8 可见，1000 ℃处理后比 1100 ℃处理后锗的回收率偏高，但在体系中没有二氧化硅时，两者回收率相差不大。在没有二氧化硅存在的情况下，GeO$_2$的回收率都较高，Fe$_2$O$_3$、CaO 对 GeO$_2$ 的浸出蒸馏影响较小，GeO$_2$ 和氧化钙高温下虽然能够生成多种化合物，但这些化合物对锗的湿法提取影响小。二氧化硅与 GeO$_2$ 之间形成的固溶体对锗的湿法提取影响较大，第 2 组处理后酸溶锗含

量（质量分数）为 6.12%，与理论酸溶锗含量（质量分数）相差了 11.26%，第 6 组处理后酸溶锗含量（质量分数）为 2.11%，与理论酸溶锗含量（质量分数）相差了 7.82%。

GeO$_2$ 固溶于二氧化硅后，锗的湿法提取回收率大大降低，但在 SiO$_2$-GeO$_2$ 体系中添加一定量石灰后，锗的湿法提取回收率极大提升。第 6 组实验与第 7 组实验相比，第 7 组是在第 6 组的基础上添加了少量的石灰，第 6 组锗湿法提取有 7.82% 的锗没被回收，第 7 组湿法提取时仅 1.04% 的锗没被回收，锗的回收率大大提高。锗尘中添加氧化钙，其优先与 GeO$_2$ 结合生成化合物，而避免 GeO$_2$ 溶于二氧化硅中形成石英相，有利于锗的湿法提取。对比第 2 组和第 6 组实验结果发现，三氧化二铁在高温下可以降低 GeO$_2$ 在二氧化硅的溶解量，有利于提高锗的回收率。

4.3　氧化物对 GeO₂ 还原挥发性的影响

根据锗尘的成分分析表知道，锗尘原料中含有大量的二氧化硅，其次为三氧化二铁、Al_2O_3、CaO、MgO 等，其中氧化钙与氧化镁为碱性氧化物，SiO_2、三氧化二铁为酸性氧化物，本书将研究这些氧化物对锗二次火法富集过程 GeO₂ 被还原为 GeO 时挥发性能的影响。

4.3.1　氧化锗的还原挥发热力学计算

锗尘中锗火法富集主要原理为锗尘中锗化物被还原或氧化为 GeO 而挥发进入气相，进入气相中的锗化物随气相带出的尘被捕集而富集。物相分析结果说明，锗尘中锗以氧化物形态存在，则需要加入还原剂碳，将 GeO₂ 还原为 GeO，本节借助 FactSage 热力学计算软件，对 GeO₂ 在不同条件下的还原进行计算分析，主要研究 CaO、SiO_2 等对 GeO₂ 还原挥发热力学的影响。

图 4-18 为 FactSage 计算的 GeO₂ 在温度变化过程的相转变情况，GeO₂ 固相有两种结构，低温下稳定相为四方相，高温下稳定相为六方相，转变温度为 1034.85 ℃，GeO₂ 在 1686.28 ℃气化。图 4-19 为气相组成，在 1686.28 ℃时并不是 GeO₂ 固体直接转变为 GeO₂ 气体，而是 GeO₂ 分解为 GeO 和 O₂，说明仅靠升温的方式，GeO₂ 很难挥发。

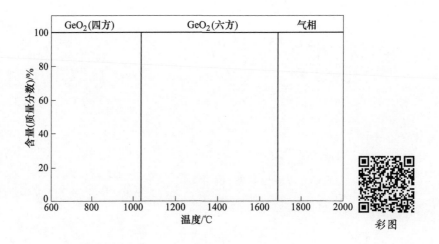

彩图

图 4-18　GeO₂ 相组成与温度关系

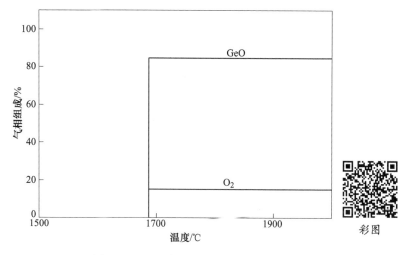

图 4-19 GeO$_2$ 气化后气相组成

锗尘中二氧化硅含量（质量分数）较高，达到 30% 以上，采用 FactSage 计算 SiO$_2$-GeO$_2$ 体系高温下的挥发性。计算时结合锗尘二氧化硅含量高，GeO$_2$ 含量低的特性，选取体系组成为二氧化硅含量（质量分数）95%，GeO$_2$ 含量（质量分数）5%，计算温度为 600~2000 ℃，结果如图 4-20 所示。在 GeO$_2$ 含量（质量分数）为 5% 的 SiO$_2$-GeO$_2$ 二元体系中，在 600~2000 ℃ 温度范围内，GeO$_2$ 不会通过分解而气化，GeO$_2$ 低温下溶于二氧化硅中形成石英相，高温下溶于液渣中。经过热力学计算，在体系温度为 2000 ℃ 时，只有当 GeO$_2$ 含量（质量分数）超过 5.31% 时，GeO$_2$ 才分解气化，1900 ℃ 和 1800 ℃ 下需要 GeO$_2$ 含量（质量分数）分别达到 15.42% 和 45.27% 才能有含锗的气相产生，当温度为 1700 ℃ 时纯 GeO$_2$ 才会分解而气化，说明二氧化硅的存在增加了 GeO$_2$ 气化富集的难度，锗尘中锗含量（质量分数）在 0.54% 以下，二氧化硅含量（质量分数）在 30% 以上，不能仅靠升温的方式使锗挥发而富集。

从前面热力学分析可见，锗尘中 GeO$_2$ 很难仅靠升温的方式而让其富集，需要加入一定量的还原剂，将 GeO$_2$ 还原为 GeO 从而挥发富集。用 FactSage 计算纯 GeO$_2$ 和 SiO$_2$-GeO$_2$ 两个体系在有碳条件下 GeO$_2$ 被还原为 GeO 的热力学条件。

在火法富集过程中应该控制 GeO$_2$ 被还原为锗的量，使锗尘中锗化物尽可能多地转变为 GeO，需要控制体系中碳含量，图 4-21 为 1200 ℃ 下在 100 g 的 GeO$_2$ 中添加不同量的碳后锗在各相中的分布，可以看出，纯 GeO$_2$ 在不加碳的情况下温度高于 1686.28 ℃ 才能分解气化，而在有碳的情况下 1200 ℃ 时 GeO$_2$ 就能够被还原为 GeO 而气化。1200 ℃ 下，当碳加入量为 GeO$_2$，含量（质量分数）为 6.0073% 时，GeO$_2$ 全部被还原为 GeO，碳加入量为 6.0073%~10.2925% 时，锗

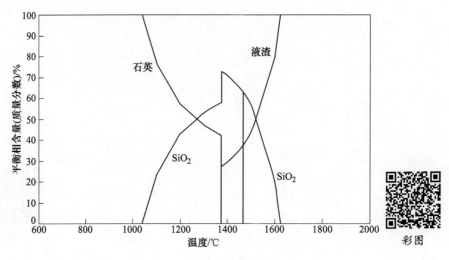

图 4-20 95%SiO₂-5%GeO₂ 系统平衡组成

全部以 GeO 的形式存在于气相中，碳含量进一步增加时，会有锗单质被还原出来，当碳加入量为 22.8559% 时，体系中锗全部以锗单质的形式存在，为了使锗尘中锗尽可能多地挥发，需要控制合适的碳含量。

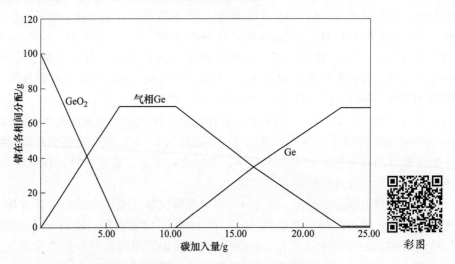

图 4-21 1200 ℃ 下碳加入量对 GeO₂ 中锗存在形态的影响

温度也是影响锗存在方式的一个重要原因，图 4-22 为 100 g GeO₂ 中配入 10 g 碳的条件下锗的存在方式与温度间关系。热力学计算表明在 657.38 ℃ 下 GeO₂ 就能够被还原为单质锗，同时又有气相生成，但此时气相中 GeO 的含量极低，仅为 $0.0872×10^{-6}$，当温度升高到 1178.47 ℃ 时，锗全部进入气相，以 GeO 方式存在。

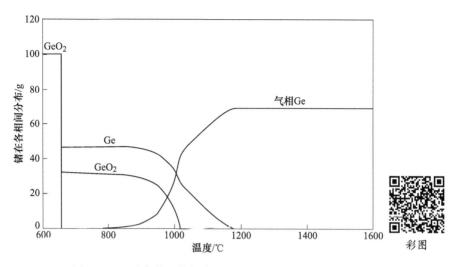

图 4-22　配碳条件下锗的存在方式与温度间关系

如图 4-23 所示，对于 95%SiO$_2$-5%GeO$_2$ 体系，1200 ℃时碳加入量为固相量的 0.3989%时锗全部进入气相，碳量增加到 0.5146%时开始有单质锗生成，碳含量增加到 1.1428%时，锗绝大部分以单质锗形式存在。当温度为 1600 ℃时，碳配入量为 0.3015%时锗主要存在于气相中，锗单质在碳加入量为 0.5747%时开始出现，碳加入量增加到 1.1509%后锗主要以锗单质形式存在。对比 95%SiO$_2$-

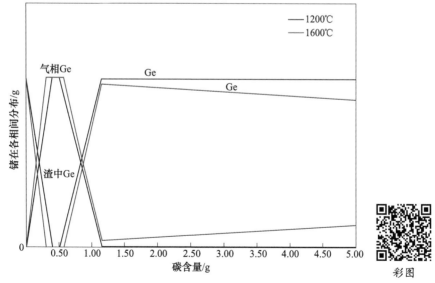

图 4-23　95%SiO$_2$-5%GeO$_2$ 体系中碳加入量对锗存在方式的影响

5%GeO₂ 体系中不同温度下碳加入量的影响发现，温度升高锗主要存在于气相中的碳含量范围加宽，1200 ℃时锗主要存在于气相中的配碳范围为 0.3989% ~ 0.5146%，而 1600 ℃时配入碳范围为 0.3015% ~ 0.5747%，这对锗的火法富集有利。图 4-24 为在 95%SiO₂-5%GeO₂ 体系中配入 0.5%碳时，温度对锗存在形态的影响，低温时 GeO₂ 溶于 SiO₂ 形成石英相，735.38 ℃时石英中 GeO₂ 开始被还原为单质锗，气相中同时出现 GeO，1178.47 ℃时锗全部转入气相中。与 GeO₂-C 体系相比，SiO₂-GeO₂-C 体系中 GeO₂ 被还原为单质锗的温度由 657.38 ℃提高到 735.38 ℃，但锗全部转入气相的温度都是 1178.47 ℃，说明锗转变为 GeO 不是由于碳还原 GeO₂ 为 GeO，而是由于发生式（4-1）的反应的原因，这与 SiO 气体的生成类似。

$$Ge + GeO_2 \Longrightarrow 2GeO(g) \tag{4-1}$$

　　由于热力学数据的缺乏，CaO、Fe₂O₃、MgO 等对 GeO₂ 挥发的影响无法进行热力学计算，采用实验的方式进行研究，但可以推断的是，由于氧化钙与 GeO₂ 反应生成 CaGeO₃，将会使 GeO₂ 还原为 Ge 的温度提高，氧化镁与氧化钙类似，而三氧化二铁在 GeO₂ 还原为 Ge 的过程中会被还原为 Fe，Ge 溶于铁中会影响 Ge 与 GeO₂ 反应，这将对锗的二次富集不利。

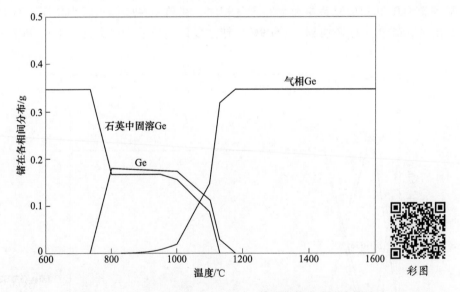

图 4-24　配碳 0.5%时温度对 95%SiO₂-5%GeO₂ 体系中锗存在形态影响

4.3.2　氧化物对锗尘中锗挥发影响

　　锗尘中氧化物对锗挥发的影响实验是研究有碳或无碳条件下，GeO₂ 与 CaO、

SiO₂、氧化镁和三氧化二铁混合物高温处理后锗的挥发率。由于挥发产物无法收集，实验采用分析残渣中锗含量来推测锗挥发率的方式，实验分为有碳组和无碳组，各组配比见表 4-9。先将化学分析纯试剂经过干燥、称量、混匀，放入刚玉坩埚待用。将装有各组混合物的刚玉坩埚外套石墨坩埚放入高温炉，高温炉升温设定程序 1100 ℃下采用 6 ℃/min，1100~1400 ℃采用 3 ℃/min，1400 ℃以后采用 2 ℃/min 的升温速度升温至反应温度 1600 ℃，全过程通入的 N₂ 作为保护气体，保温时间为 1 h，待冷却之后收集反应剩下的渣料，并通过滴定法分析其中的锗含量。

表 4-9　氧化物对 GeO₂ 挥发影响实验原料配比（质量分数）

组别	配比/%					
	GeO₂	CaO	SiO₂	Fe₂O₃	MgO	C
1	1	99	—	—	—	—
2	1	—	99	—	—	—
3	1	—	—	99	—	—
4	1	—	—	—	99	—
5	1	93	—	—	—	6
6	1	—	93	—	—	6
7	1	—	—	93	—	6
8	1	—	—	—	93	6

4.3.3　无碳条件下锗的挥发性

对无碳组在 1600 ℃保温 1 h 冷却后用滴定法分析残渣中酸溶锗和全锗，结果见表 4-10。

从表 4-10 可见，在没有还原剂存在的情况下 GeO₂ 的挥发率都较低，GeO₂ 与氧化钙组挥发率最高，但也仅 37.68%，GeO₂ 与二氧化硅组挥发率最低，为 15.94%。GeO₂ 与氧化钙组和 GeO₂ 与氧化镁组挥发率接近，这与氧化钙和氧化镁两者均为碱性氧化物，性质接近有关。GeO₂-CaO、GeO₂-MgO、GeO₂-Fe₂O₃ 三组高温处理后酸溶锗与全锗含量较为接近，酸溶锗含量占全锗含量（质量分数）90% 以上，其中 GeO₂-CaO 中酸溶锗含量（质量分数）占到 96.74%，从而也说明 GeO₂ 与氧化钙之间形成的各种氧化物不会影响锗的浸出蒸馏提取过程的收得率，同时，锗尘中氧化镁和铁氧化物对锗的浸出蒸馏回收率影响也较小。

GeO₂ 与二氧化硅组酸溶锗含量较低，为 0.31%，但其全锗含量较高，为

0.58%，而锗的挥发率也仅为 15.94%，说明锗大部分固溶到二氧化硅中后既影响了锗的高温挥发，又影响了锗的浸出蒸馏，需要添加其他物质削弱二氧化硅对 GeO_2 的不利影响。

表 4-10　高温反应后残渣的锗含量（无还原剂）

组别	理论锗含量（质量分数）/%	酸溶锗含量（质量分数）/%	全锗含量（质量分数）/%	酸溶锗占全锗比例/%	锗挥发率/%
1	0.69	0.416	0.430	96.74	37.68
2	0.69	0.310	0.580	53.45	15.94
3	0.69	0.470	0.520	90.38	24.64
4	0.69	0.423	0.460	92.00	33.33

注：表 4-10 的 4 组成分来源于表 4-9 的前四组配比，即 1 表示 GeO_2-CaO 组，2 表示 GeO_2-SiO_2 组，3 表示 GeO_2-Fe_2O_3 组，4 表示 GeO_2-MgO 组，且都不含碳。

4.3.4　有碳条件下锗的挥发性

对有碳组，在 1600 ℃下四种氧化物在配碳 6% 的情况处理 1 h，冷却后采用滴定法分析锗尘中酸溶锗和全锗含量，结果见表 4-11。

表 4-11　高温反应后残渣的锗含量（有还原剂）

组别	理论锗含量（质量分数）/%	酸溶锗含量（质量分数）/%	全锗含量（质量分数）/%	酸溶锗占全锗比例/%	锗挥发率/%
5	0.69	0.066	0.083	79.52	87.97
6	0.69	0.214	0.330	64.85	52.17
7	0.69	0.240	0.370	64.86	46.38
8	0.69	0.069	0.071	97.18	89.71

注：表 4-11 的 4 组成分来源于表 4-9 的后四组配比，即 5 表示 GeO_2-CaO 组，6 表示 GeO_2-SiO_2 组，7 表示 GeO_2-Fe_2O_3 组，8 表示 GeO_2-MgO 组，且都含有碳。

通过分析在还原剂碳的存在情况下锗的挥发性，可见 GeO_2-CaO、GeO_2-MgO 两组反应的残渣中的剩余锗含量较少，剩余酸溶锗含量（质量分数）仅为 0.066% 和 0.069%，全锗含量（质量分数）分别为 0.083% 和 0.071%，残渣中能够湿法提取的酸溶锗和全锗较低，两者相差不大，锗具有良好的还原挥发效果，说明在此温度下酸性的 GeO_2 与碱性的氧化钙和氧化镁反应生成的各种复合氧化物，如 Ca_2GeO_4、$CaGeO_3$，对 GeO_2 被还原为 GeO 而挥发的影响较小。

GeO_2-SiO_2 和 GeO_2-Fe_2O_3 两组剩余的酸溶锗和全锗含量都较高，酸溶锗分别为 0.214% 和 0.240%，全锗含量（质量分数）分别为 0.330% 和 0.370%，说明两者对锗的高温挥发影响较大。

GeO$_2$ 和三氧化二铁共存的情况下，本身两者酸性氧化物互相不发生反应（图 4-11 中 X 射线衍射图可以证明），在碳的还原作用下，由于还原三氧化二铁的温度低于还原 GeO$_2$ 的温度，随着温度的升高，一部分碳先与三氧化二铁发生还原反应生成金属铁位于坩埚底部，而且部分碳也溶于铁中，形成铁液，也减少了还原剂碳的量。温度进一步升高，部分 GeO$_2$ 被碳还原为 Ge 而溶于铁液中，而且形成溶解态的锗降低了锗的活度，有利于锗的还原，本组结束后坩埚底部出现金属铁，图 4-25 为铁珠的形貌及能谱，由能谱可见，能谱能够检测到锗，可以说明这一点。部分 GeO$_2$ 被碳还原为 GeO 而挥发。对比有还原剂和无还原剂两组实验结果，发现铁氧化物不与 GeO$_2$ 反应，对 GeO$_2$ 的盐酸浸出蒸馏提取的影响也较小，但对 GeO$_2$ 的还原挥发性影响较大，在锗的二次挥发富集过程中应该避免铁氧化物被还原成铁，而影响锗的挥发二次富集。

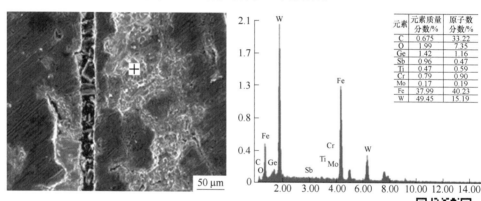

元素	元素质量分数/%	原子数分数/%
C	0.675	33.22
O	1.99	7.35
Ge	1.42	1.16
Sb	0.96	0.47
Ti	0.47	0.59
Cr	0.79	0.90
Mo	0.17	0.19
Fe	37.99	40.23
W	49.45	15.19

图 4-25　铁珠形貌及能谱

彩图

GeO$_2$ 和二氧化硅共存的情况下，GeO$_2$ 一方面能够固溶于二氧化硅中，另一方面 GeO$_2$ 能够被碳还原为 GeO 而挥发，随着温度的升高，GeO$_2$ 在二氧化硅中的固溶量也不断增加，而碳还原 GeO$_2$ 的反应温度为 946 ℃，在 GeO$_2$ 还原为 GeO 前，部分 GeO$_2$ 已经溶于二氧化硅中，而且 946 ℃后 GeO$_2$ 还会继续溶于二氧化硅中，影响 GeO$_2$ 的还原挥发。GeO$_2$ 固溶进二氧化硅晶格中，属于酸不溶锗，后期这部分锗难以回收。

锗尘中氧化物与 GeO$_2$ 反应同时对锗尘中锗的还原挥发产生了不同程度的影响，4 组情况适量的碳都会有利于 GeO$_2$ 的挥发富集，其中 7 组碳的量过多将铁氧化物和二氧化锗还原成金属富集到一起，后期难以分离提取，造成新的难题，对锗蒸馏浸出产生不利影响；而固溶于二氧化硅晶格中的这部分锗不易被蒸馏出来，造成锗的回收率低；而 GeO$_2$ 和氧化钙、氧化镁的反应对锗的还原富集影响较小。

通过表 4-10 无碳组和表 4-11 有碳组的对比，无碳的 4 组酸溶锗和全锗的含量均大于对应有还原剂碳存在的实验组，证明了碳对 GeO$_2$ 的还原挥发富集有极为重要的作用。适量的碳会促进锗的还原挥发，碳量过多会导致部分氧化锗被还原成金属锗，与锗尘中被还原出来的金属铁溶于一体，更不利于后期锗富集和湿法提取；碳过少则大部分锗未被还原而挥发出来，残留在锗渣中，达不到实验的预期效果。

4.4　锗高温火法二次富集动力学研究

前面热力学研究结果表明，在有还原剂碳存在的情况下，锗尘中锗能够被还原气化而富集，如果能够从反应机理上分析锗在富集过程的动力学限制环节，将对提高锗的二次富集效率有重要的指导作用，本书将采用热分析的方法对锗富集过程动力学进行研究。

4.4.1　碳还原二氧化锗动力学

碳还原二氧化锗热分析动力学实验使用的原料是分析纯的 GeO_2 试剂和还原剂碳，实验之前均需在烘干箱 120 ℃下干燥 1 h 去除水分，在 GeO_2 中配以等物质的量的碳，混匀，作为动力学实验原料。热分析仪器为法国塞塔拉姆仪器公司 Setsys Evo 同步热分析仪，气氛为 Ar 气，实验采用 3 ℃/min、5 ℃/min、8 ℃/min、10 ℃/min 四个升温速度，样品量约为 30 mg，测量范围为 25~1100 ℃。

理论计算此体系的失重率为 24.01%，图 4-26 为四种升温速率下的失重曲线，从四种不同升温速率的热还原热重曲线中可以看出，四种不同升温速率的失重率分别为 22.7%、23.9%、23.4%、24.4%。四组反应失重曲线为先缓后急，初期失重不明显，当碳气化反应开始后，失重速率明显增加。

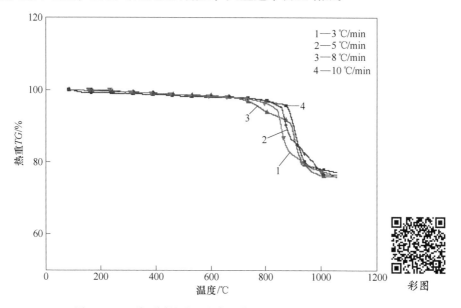

图 4-26　四种不同的升温速率的热还原热重曲线

图 4-27 为四种升温速率下的 DSC 曲线，可以看出四组不同的升温速率吸热

峰出现的位置为 931~947 ℃，此温度接近于 GeO₂ 被碳还原为 GeO 的温度，说明失重是由于 GeO₂ 被还原而挥发造成的。从曲线中还可以看出随着升温速率的增大，吸热峰逐渐变窄，吸热峰面积变小，但特征温度会向低温略微移动。四种不同的升温速率对应的峰面积大小对应着此反应的吸热量，其反应的热量的大小比较为 $Q_4 < Q_3 < Q_2 < Q_1$。

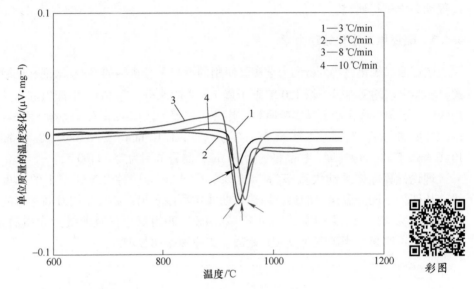

图 4-27　四种不同的升温速率的 DSC 曲线

4.4.2　碳还原二氧化锗动力学参数

Freeman-Carroll 微分法是常用的通过热分析求解反应过程动力学的方法，之后通过阿仑尼乌斯方程进行线性拟合求得反应活化能，最终得到动力学方程。

GeO₂ 的还原富集反应见式（4-2）。

$$GeO_2 + C =\!=\!= GeO + CO \uparrow \qquad (4\text{-}2)$$

等摩尔比的碳将 GeO₂ 恰好还原为 GeO，找到失重率达到最大的值对应的温度 T，以不同升温速率分别进行升温热分析实验，计算对应升温速度下的还原失重率与转化率，来计算反应的表观活化能与反应的反应级数 n，拟合动力学反应模型，图 4-28 为动力学实验流程图。

微分法 Freeman-Carroll 法原理如下。

DSC 曲线是在程序控温下，所研究材料与参比材料之间吸放热量（ΔQ 和 ΔH）与温度间关系曲线。实际测试时，是在程序控温下，温度升高或降低的同时，测量实验材料和参比材料间的功率差（热流率）与温度间关系，得到的吸

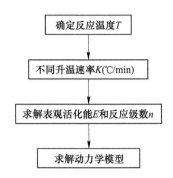

图 4-28　锗的热分析动力学实验流程

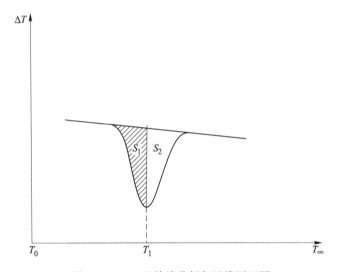

图 4-29　DSC 吸热峰分析与基线原理图

放热峰面积 S 与该反应的热效应 Q 成正比，即 $\Delta H = KS$。图 4-29 是采用 DSC 吸热峰来计算动力学参数的原理图。每个反应的反应程度 α 能用整个反应的热效应来换算，得到式（4-3）和式（4-4）。

$$\alpha = \frac{\Delta H_1}{\Delta H} = \frac{S_1}{S} \tag{4-3}$$

$$\begin{cases} S_1 = S\alpha \\ S_2 = S(1 - \alpha) \end{cases} \tag{4-4}$$

在描述反应的动力学方程时，可用式（4-5）~式（4-7）。

$$\frac{\mathrm{d}\alpha}{\mathrm{d}t} = kf(\alpha) \tag{4-5}$$

$$k = A\exp[-E/(RT)] \tag{4-6}$$

$$T = T_0 + \beta t \tag{4-7}$$

假设 $f(\alpha) = (1-\alpha)^n$，则有

$$\frac{\mathrm{d}\alpha}{\mathrm{d}T} = \frac{A}{\beta}(1-\alpha)^n\exp[-E/(RT)] \tag{4-8}$$

$$\frac{\mathrm{d}\alpha}{\mathrm{d}T} = \frac{\mathrm{d}}{\mathrm{d}T}\frac{S_1}{S} = \frac{1}{S}\frac{\mathrm{d}}{\mathrm{d}T}\int_{T_0}^{T}\Delta T\mathrm{d}T \tag{4-9}$$

$$\frac{\mathrm{d}\alpha}{\mathrm{d}T} = \frac{\Delta T}{S} \tag{4-10}$$

由式（4-5）、式（4-8）、式（4-10）可以得到

$$\frac{A}{\beta}(1-\alpha)^n\exp[-E/(RT)] = \frac{\Delta T}{S} \tag{4-11}$$

对式（4-11）两边分别取对数得到

$$\lg\frac{A}{\beta} + n\lg S_2 - n\lg S - \frac{E}{2.303RT} = \lg\Delta T - \lg S \tag{4-12}$$

然后再化简合并以差减形式表示

$$\Delta\lg\Delta T = -\frac{E}{2.303R} \times \Delta(1/T) + n\Delta\lg S_2 \tag{4-13}$$

$$\frac{\Delta\lg\Delta T}{\Delta\lg S_2} = -\frac{E}{2.303R} \times \frac{\Delta(1/T)}{\Delta\lg S_2} + n \tag{4-14}$$

作图 $\frac{\Delta\lg\Delta T}{\Delta\lg S_2} - \frac{\Delta(1/T)}{\Delta\lg S_2}$，式（4-14）应为一条斜率为 $-\frac{E}{2.303R}$，截距为 n 的一次函数，因此通过 DSC 曲线和式（4-14）能够计算出碳对 GeO$_2$ 还原过程的表观活化能和反应级数 n。

采用微分法 Freeman-Carroll 法求解还原过程动力学参数，分别对图 4-27 中 4 条曲线的吸热峰进行处理，并在此过程中，对每个吸热峰分别取一系列数据进行作图 $\frac{\Delta\lg\Delta T}{\Delta\lg S_2} - \frac{\Delta(1/T)}{\Delta\lg S_2}$ 并拟合出对应的曲线以及求出相关系数 R^2。

把 4 个不同升温速度的差热曲线的数据进行处理，并用式（4-14）进行拟合，得到每个不同升温速率曲线体系的动力学方程为：

$$y_1 = -38296.89x + 0.21 \tag{4-15}$$

$$y_2 = -31563.40x + 0.24 \tag{4-16}$$

$$y_3 = -32697.17x + 0.32 \tag{4-17}$$

$$y_4 = -41288.37x + 0.29 \tag{4-18}$$

Freeman-Carroll 微分法拟合一次函数如图 4-30 所示。

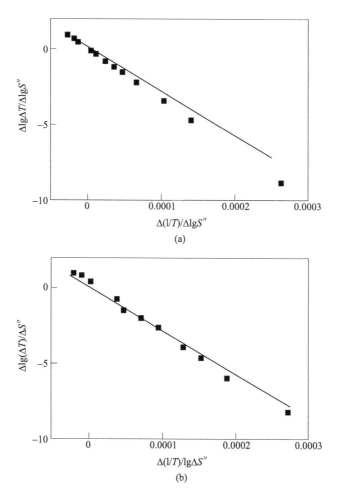

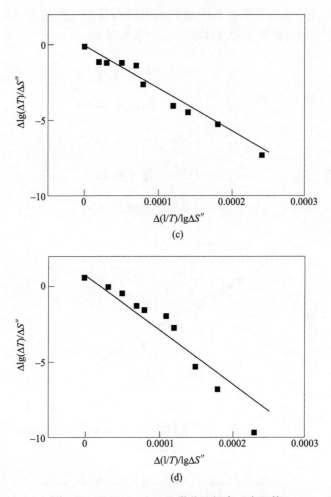

图 4-30　Freeman-Carroll 微分法拟合一次函数

（a）升温速度 3 ℃/min；（b）升温速度 5 ℃/min；（c）升温速度 8 ℃/min；（d）升温速度 10 ℃/min

　　由式（4-15）~式（4-18）可求出不同升温速度下动力学方程的活化能和反应级数，见表4-12，活化能的均值为 688.6 kJ/mol，反应级数为 0.27 级，与常用固相动力学机理函数对比，满足三维扩散（G-B）模型。

表 4-12　Freeman-Carroll 微分法求解的动力学参数

编号	升温速率 /(℃ · min⁻¹)	活化能 E /(kJ · mol⁻¹)	反应级数 n	还原区间 /℃	相关系数 R^2
1	3	733.3	0.21	912~962	0.969
2	5	604.3	0.24	900~968	0.999

编号	升温速率 /($^\circ$C · min^{-1})	活化能 E /(kJ · mol^{-1})	反应级数 n	还原区间 /$^\circ$C	相关系数 R^2
3	8	626.1	0.32	915~974	0.987
4	10	790.6	0.29	917~993	0.971
均值	—	688.6	0.27	—	—

4.5　本　章　小　结

（1）在高温条件下酸溶性六方相 GeO$_2$ 向酸不溶性四方相 GeO$_2$ 转变速度很慢，即使在接近相变温度下保温 54 h 也不会发生转变。

（2）温度低于 1000 ℃时 GeO$_2$ 不能完全溶于等量的二氧化硅中，温度高于 1140 ℃后，GeO$_2$ 能够全部溶解于等量的二氧化硅中形成固溶体。GeO$_2$ 完全溶于二氧化硅后，锗的盐酸浸出蒸馏提取变得困难，锗的回收率仅为 11.05% ~ 13.26%，不利于锗的提取。在 SiO$_2$-GeO$_2$ 二元系中添加氧化钙会形成 CaGeO$_3$ 化合物，降低二氧化硅中 GeO$_2$ 的溶解量，锗的盐酸浸出蒸馏提取回收率由 11.05% 提高到 75.03%。

（3）高温下 GeO$_2$ 与氧化钙能够生成多种化合物，这些化合物对锗的湿法提取过程锗的回收率影响较小。

（4）高温下 GeO$_2$ 与三氧化二铁之间没有反应，而且三氧化二铁能够降低 GeO$_2$ 在二氧化硅间的溶解量，三氧化二铁对锗的盐酸浸出蒸馏提取的影响较小。

（5）GeO$_2$ 很难通过加热的方式而挥发富集，特别是在有二氧化硅存在的情况下。碳的存在有利于 GeO$_2$ 被还原为 GeO 而被收集富集，氧化钙和氧化镁对 GeO$_2$ 的还原挥发富集影响较小，而 GeO$_2$ 能够溶于二氧化硅中影响其还原挥发富集，三氧化二铁被还原为 Fe，GeO$_2$ 被还原为 Ge 溶于其中，影响 GeO$_2$ 的还原富集。

（6）根据 Freeman-Carroll 微分法求解热分析动力学参数求得碳还原锗活化能为 688.6 kJ/mol，反应级数为 0.27 级，满足三维扩散（G-B）模型。

5 锗尘中锗的二次富集研究

本章主要研究锗尘中锗的火法二次富集各工艺参数对锗的富集回收率的影响，工艺参数包括富集温度、保温时间、碳含量、碱度等，并利用最优工艺参数进行锗的富集平衡实验。

5.1　二次火法富集工艺参数对锗富集的影响

　　火法富集的影响因素主要有实验温度、锗尘碳含量和铁氧化物含量，锗尘碱度、保温时间等工艺参数，对二次富集锗的回收率都有一定的影响，因此需进行实验，得到最优工艺。

　　褐煤碳含量波动较大，蒙东锗业为了锅炉运行稳定，会配入一定量的其他煤种，由于煤成分的波动，锅炉调节滞后，导致锗尘中碳含量波动较大，火法富集实验时需要对碳进行处理。GeO_2 在低温下挥发量低，实验温度先选择 1450～1600 ℃，处理时间确定为 1.0～2.5 h，根据实验效果再选择更高的 1700～1850 ℃。由于实验室中实验时锗尘用量较少，很难对挥发物进行收集并分析其成分，所以实验时先只分析残渣中锗含量，来评估各因素对锗还原挥发的影响。

5.1.1　碱度对锗尘火法富集的影响

　　由锗尘成分分析可知，锗尘中二氧化硅和 Al_2O_3 之和高达 42% 以上，有的高达 50% 以上，为强酸性渣，需要配入一定量的氧化钙来增强 GeO_2 的还原挥发性和增强渣的流动性。SiO_2-CaO-Al_2O_3 和 SiO_2-CaO-FeO 三元相图，如图 5-1 和

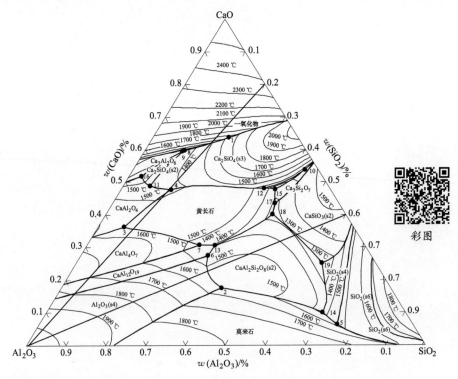

彩图

图 5-1　CaO-SiO_2-Al_2O_3 相图

图 5-2 所示，熔渣碱度在 1.0 左右时，等温线分布较稀，图 5-3 为 SiO$_2$-CaO-FeO-15%Al$_2$O$_3$ 黏度曲线，在碱度为 1.0 时，黏度曲线也分布较稀，熔渣的稳定性较高，而碱度为 1 时氧化钙的添加量较少，锗的火法富集实验选择锗尘的碱度为 0.25~1.5。

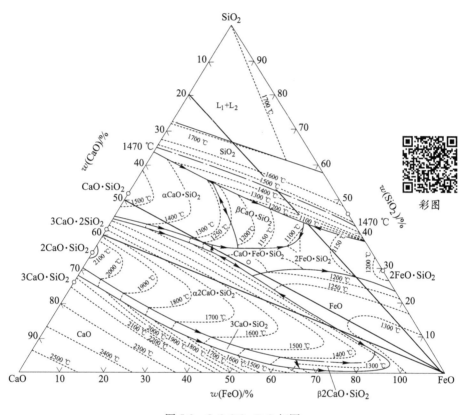

图 5-2　CaO-SiO$_2$-FeO 相图

　　火法富集工艺参数对富集效果的影响实验采用单因素实验方式，锗尘碱度取 0.25、0.5、1.0、1.5 四个值，实验时不另配入碳，碱度单因素实验温度为 1550 ℃，保温 2 h，实验后收集的少量富集物和残渣进行锗含量的检测。

　　实验在管式电阻炉中进行，称量 100 g 配制好的四种碱度的锗尘放入 Al$_2$O$_3$ 坩埚中，外套石墨坩埚防止刚玉坩埚开裂而损坏炉管。1100 ℃ 下采用 6 ℃/min，1100~1400 ℃ 采用 3 ℃/min，1400 ℃ 以后采用 2 ℃/min 的升温速度升温到实验温度，之后保温 2 h。从 600 ℃ 开始通入保护气体氮气，同时也作为挥发物载气。对富集物用扫描电镜观察颗粒形貌，用能谱仪对颗粒成分进行半定量分析，结果如图 5-4 和表 5-1 所示。

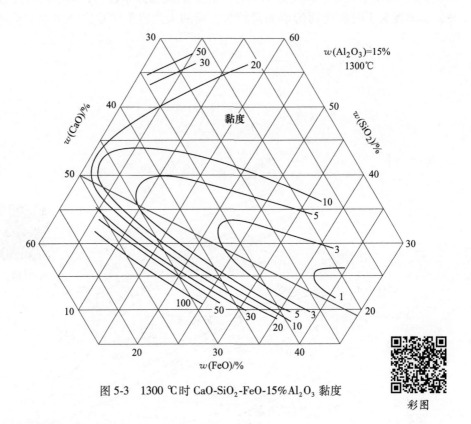

图 5-3　1300 ℃时 CaO-SiO$_2$-FeO-15%Al$_2$O$_3$ 黏度

彩图

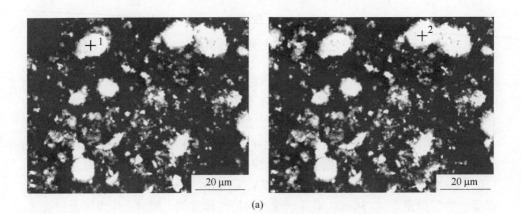

(a)

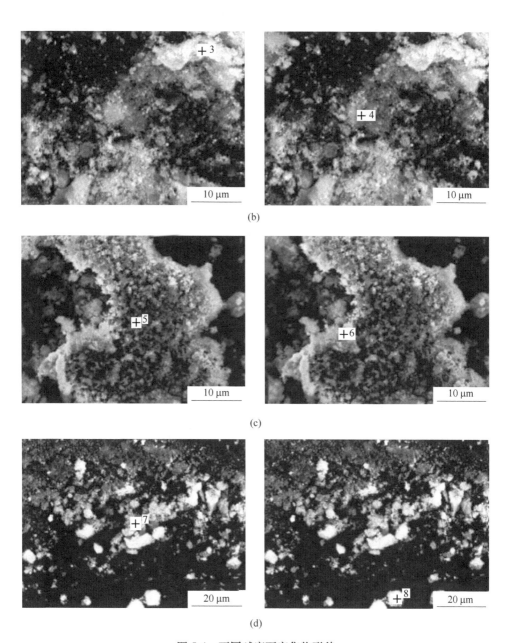

图 5-4 不同碱度下富集物形貌

(a) $R = 0.25$; (b) $R = 0.5$; (c) $R = 1.0$; (d) $R = 1.5$

彩图

表 5-1　不同碱度下锗尘富集物锗含量

碱度	0.25		0.5		1.0		1.5	
位置	1	2	3	4	5	6	7	8
锗含量（质量分数）/%	3.28	4.42	13.53	10.87	12.26	20.18	2.44	6.14

　　由图 5-4 和表 5-1 可以看出，不同碱度下所收集的富集物中的锗含量较高，原料锗尘中锗含量（质量分数）仅为 0.36%，添加石灰后锗尘中锗含量更低。在锗尘中添加石灰，将碱度调整为 0.5~1.0，富集物中能谱检测到的锗大大提高，碱度为 1.0 时最高锗含量（质量分数）检测到了 20.18%，富集效果明显，当碱度提高到 1.5 时，富集物锗含量与不加石灰中锗含量相当。

　　用能谱分析成分为半定量分析，为了更为精确地了解富集物中锗含量，需要对挥发物进行成分分析，由于所收集的挥发物数量有限，不能采用化学分析的方法测量锗含量，将 5 次实验所收得的约 0.5 g 的挥发物送至包头稀土研究院对挥发物中锗含量进行仪器分析，图 5-5 为不同碱度锗尘的挥发物中锗含量。碱度由 0.25 提升到 1.0 时，挥发物中锗含量（质量分数）从 14.82% 提高到 34.12%，碱度继续提高到 1.5 时，挥发物中锗含量（质量分数）降低到 30.03%，所以当碱度为 1.0 时，石灰添加量较少，挥发物中锗品位最高，具有应用前景。

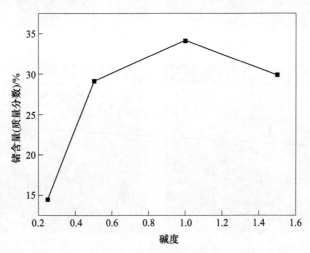

图 5-5　碱度对挥发物锗含量的影响

　　挥发物中锗含量决定了火法富集后锗的品位，但火法富集后渣中锗含量高低决定了火法富集过程锗的回收率。对 4 种碱度的锗尘 1550 ℃ 处理 1 h 后，取出空冷，将收集的渣磨碎过 0.074 mm 筛，用比色法分析渣中锗含量，图 5-6 为碱度对渣中含锗量的影响。

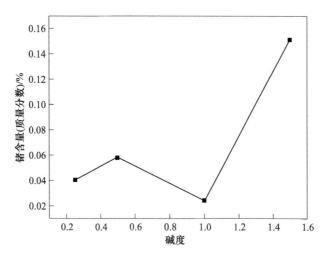

图 5-6 碱度对锗尘富集后渣中含锗量的影响

图 5-6 中不同碱度火法富集实验后，残渣中锗含量：锗尘碱度小于 1.0 时，渣中残留锗量较低，锗含量（质量分数）小于 0.06%，当碱度为 1.5 时残留锗增加到 0.14% 以上。锗尘碱度为 1.0 时，锗火法富集回收率最高，二次富集实验碱度取 1.0 为宜。

5.1.2 配碳量对锗尘火法富集的影响

蒙东锗业褐煤燃烧发电的旋涡炉操作不太稳定，锗尘中碳含量也不稳定，研究配碳量对锗尘火法富集影响前，先对锗尘去碳处理。

5.1.2.1 锗尘去碳处理

蒙东锗业锗尘中碳含量每批都不一样，高的碳含量（质量分数）超过 7%，低的只有 3%。对碳含量高的锗尘直接进行火法富集，冷却后残渣中出现铁珠。还原出来的铁渗碳后熔点急剧下降，形成金属熔池，金属熔池的形成有利于锗的还原，因为锗溶解于金属液中，还原产物的活度降低，则挥发物捕集的锗量降低，需要对锗尘进行去碳处理。

锗尘的去碳方法为：将锗尘放在陶瓷碗中，放入箱式高温炉内，以 8 ℃/min 的升温速度升温到 600 ℃，保持温度程序不动，微开炉门，保证空气流通，每隔半小时翻动锗尘一次，确保碳燃烧完全。当翻动锗尘时看不到火星，即可停止去碳操作，取出陶瓷碗冷却。去碳后锗尘宏观形貌如图 5-7 所示，去碳前后锗尘由黑色转变为灰土黄色。分析去碳后锗尘成分，见表 5-2，去碳后锗尘中碳含量（质量分数）仅为 0.19%，锗含量（质量分数）为 0.37%。

脱碳处理后锗尘中的碳几乎全部被处理掉，S 和锗的变化并不大，说明脱碳处理对锗尘含锗量影响不大，除碳工艺合理。

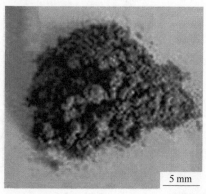

(a)　　　　　　　　　　　　　　　　　　　(b)

图 5-7　脱碳前后锗尘颜色的变化

（a）脱碳前；（b）脱碳后

彩图

表 5-2　去碳后锗尘部分成分

元素含量	$w(C)/\%$	$w(S)/\%$	$w(Ge)/\%$
原始锗尘	7.41	0.61	0.36
去碳处理后锗尘	0.19	0.53	0.37

5.1.2.2　碳含量对锗尘富集的影响

在去碳后的锗尘中分别配入 1%、2%、3% 和 3.5% 的碳，加上去碳后碳含量（质量分数）0.19% 的锗尘，一共 5 组。实验在井式高温炉内进行，原料用量为 100 g，将原料放入外套石墨坩埚的刚玉坩埚中备用。高温炉 1100 ℃ 以下升温速度为 6 ℃/min，1100~1400 ℃ 升温速度为 3 ℃/min，1400 ℃ 以后升温速度为 2 ℃/min，实验温度取 1600 ℃，保温 1 h，处理完成后直接取出空冷，研磨到 0.074 mm 以下，采用比色法分析残渣中锗含量，表 5-3 中给出了不同碳含量下火法富集后残渣中酸溶锗和全锗含量。

表 5-3　碳含量对火法富集后渣中锗含量的影响

碳含量（质量分数）/%	0.19	1	2	3	3.5
酸溶锗含量（质量分数）/%	0.0209	0.0065	0.0076	0.0032	0.0773
全锗含量（质量分数）/%	0.0390	0.0131	0.0811	0.0051	0.0879

锗尘含碳量对锗尘火法富集后残渣的锗含量有较大的影响，锗尘碳含量（质量分数）从 0.19% 提高到 3% 时，残渣中锗含量出现下降的趋势，碳含量（质量

分数）为 3% 时，火法富集后残渣中酸溶锗和全锗含量都达到了最低值，而碳含量（质量分数）超过 3% 后，残渣中锗含量有所提高，锗尘中碳含量低则还原性不足，碳含量高则会有部分金属铁出现，部分锗被还原进入铁中，不利于锗的还原富集，二次火法富集过程碳含量（质量分数）取 3% 为宜。

5.1.3　温度对锗尘火法富集的影响

纯二氧化锗只有温度高于 1680 ℃ 才有效挥发，锗尘成分较为复杂，其中含有 SiO_2、Al_2O_3、氧化钙等，对 GeO_2 的还原挥发富集将产生较大的影响，需要对合适的火法富集温度进行研究。

实验在井式高温炉内进行，锗尘的碳含量根据前面实验，确定为 3%，将锗尘碳含量（质量分数）调整为 3%，碱度调整为 1.0，混匀炉料，放入外套石墨坩埚的刚玉坩埚中备用。实验过程原料用量为 100 g，升温制度与前面研究碳含量对火法二次富集实验一致，实验温度选定为 1450~1600 ℃，每隔 50 ℃ 进行一次实验，实验时间为 1 h，处理时间到后取出空冷，磨细过 0.074 mm 筛子，采用比色法分析残渣中锗含量，图 5-8 为温度与火法富集后残渣中锗含量间关系。

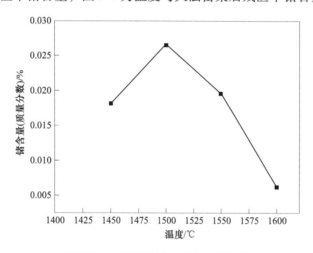

图 5-8　温度与残渣中锗含量间关系

当火法富集温度从 1450 ℃ 升高到 1600 ℃ 时，在 1500 ℃ 出现一个峰值，但残渣中锗含量整体呈下降趋势，火法处理温度为 1600 ℃ 时，残渣中的锗含量（质量分数）达到了最低，为 0.0061%，说明锗尘的火法富集过程需要温度达到 1600 ℃ 才能取得满意的回收率。

5.1.4　处理时间对锗尘火法富集的影响

前期实验确定了锗尘中锗的火法二次富集过程所需要的碳含量和温度，保温时间也是一个重要因素。

实验在井式高温炉内进行，实验中碳添加量为 3%，配入锗尘量约 37% 的石灰，将碱度调整为 1.0，放入外套石墨坩埚的刚玉坩埚内。实验的升温制度与前两个因素实验一致，实验温度为 1600 ℃，保温时间选定为 0.5~2 h，每隔半小时实验一次。实验时间到后，取出空冷并磨至 0.074 mm 以下，采用比色法分析残渣中锗含量，残渣中锗含量（质量分数）见表 5-4。

表 5-4   处理时间对锗火法富集残渣锗含量的影响

处理时间/h	0.5	1	1.5	2
酸溶锗含量（质量分数）/%	0.0955	0.0875	0.0726	0.0141
全锗含量（质量分数）/%	0.1062	0.0914	0.0920	0.0144

保温时间对火法富集后残渣中锗含量有较大的影响，随保温时间的延长酸溶锗和全锗都呈下降趋势，这有利于提高火法富集过程锗的回收率。虽然保温 2 h 残渣中锗含量最低，但处理 2 h 后坩埚被渣侵蚀穿孔，说明锗尘高温下长时间保温对耐火材料侵蚀严重，从炉子寿命考虑，应该降低处理时间。1600 ℃ 处理 1 h 和处理 2 h 后残渣中锗含量接近，所以锗尘火法二次富集保温时间可以选择为 1 h。

处理时间长则能源消耗量大，在处理时间 1 h 内，选定 10 min、20 min、40 min 进行实验，实验用锗含量（质量分数）为 0.54% 的锗尘，温度、碱度和碳含量选择前期确定的最佳值。实验后残渣中锗含量如图 5-9 所示，不同保温时间的火法富集实验表明，处理 1 h 后，残渣中锗含量（质量分数）仅为 0.011%，再经过其他工艺参数的优化，残渣中锗含量还会更低，火法富集处理时间 1 h 能够满足要求。

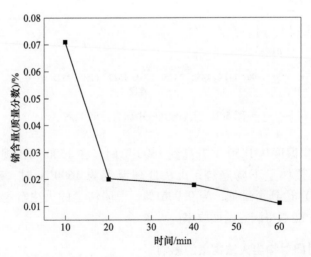

图 5-9   保温时间对火法富集后残渣中锗含量（质量分数）的影响

5.2　更高温度下锗尘二次火法富集实验

前期锗尘火法二次富集实验在 1600 ℃ 以下进行，为了探索更高温度对锗尘中锗还原挥发富集的影响，采用碳管炉进行了 1700~1850 ℃ 更高温度段的锗富集实验。

5.2.1　更高温度段锗尘火法富集实验

通过前期的大量实验与探究，发现碱度是影响渣在高温下的流动性的一个因素，在高温下原始锗尘属酸性渣，黏度较高，流动性较差，不利于锗的挥发富集；所以实验需要适当地调整原料的碱度，因此根据前期总结出的经验，优化实验提前选取的适宜碱度为 1，保温时间 1 h 作为固定反应条件。优化实验只对其中主要的两个影响因素（分别为碳含量、温度）进行研究，实验采用正交实验的方式，正交实验的因素水平表见表 5-5。

表 5-5　正交实验因素水平及实验结果

条件编号	温度/℃	碳含量（质量分数）/%	残渣酸溶锗含量（质量分数）/%	残渣全锗含量（质量分数）/%	挥发率/%
1	1700	0	0.0037	0.0270	91.0
2	1700	1	0.0036	0.0124	96.2
3	1700	2	0.0034	0.0151	94.8
4	1700	3	0.0125	0.0419	86.9
5	1750	0	0.0042	0.0294	90.2
6	1750	1	0.0070	0.0165	95.0
7	1750	2	0.0044	0.0134	95.3
8	1750	3	0.0092	0.0285	91.1
9	1800	0	0.0065	0.0312	89.6
10	1800	1	0.0072	0.0605	81.6
11	1800	2	0.0047	0.0130	95.5
12	1800	3	0.0077	0.0224	93.0
13	1850	0	0.0081	0.0508	92.5
14	1850	1	0.0147	0.0356	89.2
15	1850	2	0.0132	0.0464	84.0
16	1850	3	0.0113	0.0317	91.0

将锗尘经过 600 ℃ 下脱碳预处理，之后加入一定的碳，碱度采用二元碱度，

即 $R = (CaO)/SiO_2$，先将配好的原料混匀再进行火法富集实验。

含锗粉煤灰的火法富集实验使用的是真空碳管炉，将提前计算配好的料称取适宜的量放入刚玉坩埚，外套石墨坩埚（保护作用），设定程序升温至反应温度，通入保护气体，在此温度下保温至设计时间，待冷却之后收集反应剩下的残渣，磨细分析锗含量。

采用滴定法或比色法分析残渣中的锗含量，分析项目包括全锗和酸溶锗含量。

5.2.2 更高温度下火法富集实验结果

在锗尘中配入不同的碳含量，并改变实验温度后实验结果见表 5-5，从表 5-5 可以直观地看出残渣中酸溶锗最高仅为 0.0147%，最低达到 0.0034%，最高挥发率达到了 96% 以上，锗的挥发效率高。根据正交实验结果计算均值与极差，计算结果见表 5-6，可见 1700 ~ 1850 ℃ 对锗的回收率影响大于碳含量对锗回收率的影响。

在 1700 ~ 1850 ℃ 温度段最低的酸溶锗含量（质量分数）为 0.0034%，而 1600 ℃ 实验条件下，酸溶锗含量（质量分数）为 0.0061%，两者由于锗含量都较低，而 1700 ℃ 能源消耗和耐火材料消耗量都急剧增加，不利于工业生产，故后期平衡实验选择 1600 ℃ 保温 1 h。

表 5-6   酸溶锗与全锗的均值与极差

各水平酸溶锗均值/%	碳含量（质量分数）/%	温度/℃	各水平全锗均值/%	碳含量（质量分数）/%	温度/℃
K1	0.0056	0.0058	K1	0.0346	0.0241
K2	0.0081	0.0062	K2	0.0313	0.0220
K3	0.0072	0.0065	K3	0.0293	0.0318
K4	0.0100	0.0118	K4	0.0311	0.0411
极差值 R	0.0044	0.060	极差值 R	0.0053	0.0191

5.3 锗尘火法富集平衡实验

前期单因素锗火法富集实验证实，采用火法的方式可以将锗尘中锗通过高温还原的方法得到再次富集，并且获得了锗火法富集的最佳工艺参数。为了确定最佳工艺参数的可行性，进行平衡实验。锗尘中锗的火法富集平衡实验在管式高温炉内进行。

5.3.1 平衡实验

实验前先对炉管、气路进行清洗，降低其他杂质的混入量。实验用锗含量（质量分数）为 0.36% 的锗尘，先在 600 ℃ 下进行去碳处理，之后将占锗尘量 3% 的碳与占锗尘量约 37% 的石灰与锗尘混匀，调节碱度为 1，每次实验原料用量为 110 g，实验方法与前面单因素实验相同，实验温度选取 1600 ℃，处理 1 h。平衡实验过程随机收集挥发物，实验装置如图 5-10 所示。

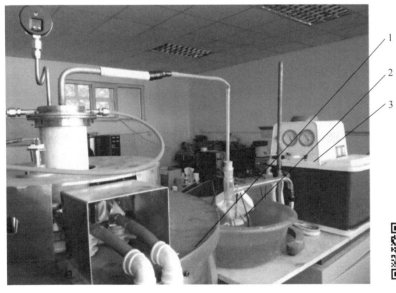

彩图

图 5-10 锗平衡实验装置
1—管式高温炉；2—挥发分收集系统；3—真空泵

平衡实验中对火法富集实验后的残渣进行收集，火法富集实验过程中多次对渣中的酸溶锗和全锗含量进行了分析，即每隔两炉取样分析渣中酸溶锗和全锗含量，结果见表 5-7。

在氮气作为保护气和载气的条件下，锗尘在 1600 ℃温度下处理 1 h，残渣中酸溶锗含量（质量分数）低于 0.0126%，最低可达 0.0020%，全锗含量（质量分数）为 0.0046%~0.0127%，两者较为接近，锗尘中锗还原挥发较为完全。

表 5-7 火法富集实验后渣中锗含量

分析炉数	2	4	6	8	10	12
酸溶锗含量（质量分数）/%	0.0032	0.0020	0.0126	0.0043	0.0081	0.0049
全锗含量（质量分数）/%	0.0051	0.0046	0.0127	0.0048	0.0091	0.0062

平衡实验连续进行了 12 炉，根据挥发物在管壁和气路中的沉积情况决定是否对挥发物进行收集，12 炉实验结束后对管路进行清理，收集挥发物。对所有收集的挥发物混合、称重，采用滴定法测量其中锗含量，将所有残渣粉碎混匀，分析其中锗含量。

表 5-8 为平衡实验后各物质的量，包括所用原料量、残渣量、富集物量，三种物质中酸溶锗和全锗的含量也同时在表 5-8 中给出。原料和所收集的两种实验物质中都有一定量的锗，锗在两种实验物质中分布见表 5-9。火法富集实验所收集到的挥发物中酸溶锗含量（质量分数）为 16.65%，平衡实验所收集到的挥发物中酸溶锗占所用锗尘原料酸溶锗的 89.55%，而残渣中酸溶锗仅为所用锗尘中酸溶锗的 1.68%，说明在实验所选定的火法富集条件下，原料中酸溶锗还原挥发率高，同时回收率也较高，如果实验炉次增加，收得率还会提高。表 5-9 全锗平衡数据表明，实验所用锗尘中含有全锗 4.885 g，平衡实验后所收集到的残渣与挥发物中全锗共 3.353 g，还有 1.532 g 的锗遗漏，说明火法富集过程一定要注意收尘方式，降低锗损失。

表 5-8 火法富集平衡实验各物质锗含量

项目	质量/g	酸溶锗含量（质量分数）/%	酸溶锗质量/g	全锗含量（质量分数）/%	全锗质量/g
原料	1136	0.33	3.635	0.43	4.885
富集物	19.55	16.65	3.255	16.78	3.280
残渣	1039	0.0060	0.0613	0.0071	0.0727

表 5-9 火法富集平衡实验收得率及平衡计算

项目	富集物收得率/%	熔渣中残留锗量（质量分数）/%	锗平衡量/%
酸溶锗	89.55	1.68	91.23
全锗	67.14	1.49	68.63

平衡实验条件下，部分挥发物附着在较小管径的管壁上，无法全部收集，造成一定量的锗损失，但平衡结果表明，挥发物中的酸溶锗含量（质量分数）从 0.33% 提高到 16.65%，提高了 50 倍。锗尘中锗在平衡实验条件下，锗的还原挥发富集较为完全，富集物锗品位高，说明采用火法的方式进行锗的二次富集方案可行。

5.3.2 渣和挥发物的物相

火法富集实验后，采用 X 射线衍射仪检测了残渣物相，图 5-11 为残渣 X 射线衍射图谱，残渣物相显示为玻璃相，火法二次富集过程锗尘熔化良好。

锗在挥发物中的存在方式对其湿法提取过程将产生较大的影响，可能会影响到锗的回收率和盐酸用量，挥发物 X 射线衍射检测结果如图 5-12 所示。收集的挥发物中主要存在 As_2O_3、$Ca_2Ge_7O_{16}$、Ca_2GeO_4 和 FeGe，富集挥发物中锗以多种方式存在，但从前面成分分析结果看，锗的这些化合物都能够与盐酸反应生成 $GeCl_4$ 而被提取。

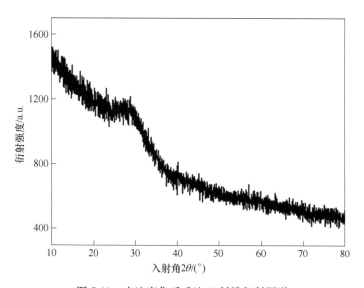

图 5-11 火法富集后残渣 X 射线衍射图谱

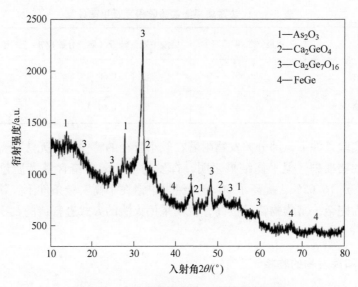

图 5-12　火法富集挥发物 X 射线衍射图谱

5.4 尾气的检测与分析

5.4.1 尾气检测实验

为了确定锗二次火法富集过程尾气中有害气体含量，以判断二次火法富集过程中尾气是否需要处理，本书对高温火法二次富集实验过程尾气中气体种类和含量进行分析检测。

实验在 $MoSi_2$ 井式炉中进行，具体实验过程为：在锗尘中添加石灰，将碱度调整为 1.0，配入 3% 的碳作为还原剂，将三种原料混匀，称 50 g 放入刚玉坩埚备用；温度为 1100 ℃ 以下升温速度为 6 ℃/min，1100 ~ 1400 ℃ 升温速度为 3 ℃/min，温度高于 1400 ℃ 以后，升温速度为 2 ℃/min，实验温度为 1600 ℃；在刚玉坩埚外套石墨坩埚放入井式高温炉内，为了便于检测气体成分，往井式高温炉插入一根刚玉管套在石墨坩埚外；将烟气分析仪的探头置于刚玉管上沿，连续监测气相中各种气体含量，直至含量稳定为止。

5.4.2 锗尘火法二次富集过程尾气成分

实验使用的检测仪器为烟气分析仪，主要检测的气体包括碳氧化物、硫氧化物和氮氧化物，尾气检测实验从坩埚放入炉内之后算起 15 min。锗尘火法富集过程尾气成分变化如图 5-13 所示。由图可知，所能检测的气体 CO_2，CO、SO_2、NO_x 等有害气体都在 251 s 左右达到最大含量，之后开始降低。尾气中 CO 的产生集中在加料到 400 s 时间段，之后保持 $51×10^{-6}$，峰值含量（质量分数）为 $10410×10^{-6}$，维持时间短不易收集。SO_2 气体含量（质量分数）在装入锗尘后 253 s 内达到峰值，约为 $3300×10^{-6}$，之后有所降低，但变化较缓，直至实验结束其含量（质量分数）还高达 $285×10^{-6}$。NO_x 含量（质量分数）在锗尘加入时快速上升，在 50 s 内达到约 $225×10^{-6}$，之后缓慢提高，过程有所波动，测试期间峰值含量（质量分数）约为 $325×10^{-6}$，NO_x 在整个火法富集期间维持在较高水平不降低。根据现新建企业工业废气排放标准，SO_2、NO_x、颗粒物的排放限值分别为 300 mg/m³、160 mg/m³、40 mg/m³，图 5-13 中也绘出了各有害气体的排放标准线，可见尾气中有害气体含量都高于排放标准，火法富集过程应对尾气进行脱硫、脱硝处理。

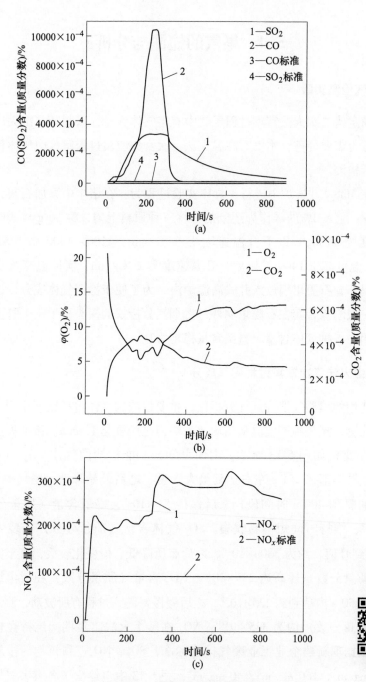

图 5-13 尾气成分及变化趋势

(a) SO_2 与 CO 含量；(b) O_2 与 CO_2 含量；(c) NO_x 含量

彩图

5.5 本 章 小 结

（1）锗尘的碱度对锗的二次火法富集影响较大，锗尘碱度为 1.0 时，挥发分中锗含量最高，残渣中锗含量最低；火法富集过程配碳量对锗的富集影响较大，配碳量为 3% 时，火法富集后残渣中锗的含量最低，配碳不足时，还原性不够，配碳量过高则会有部分金属铁出现，部分锗被还原进入铁中，不利于锗的还原富集。

（2）锗的火法富集最佳工艺参数为：配碳量 3%，锗尘碱度为 1.0，处理温度 1600 ℃，处理时间为 1 h。

（3）锗平衡实验收集到的挥发分主要含有 As_2O_3、$Ca_2Ge_7O_{16}$、Ca_2GeO_4 和 FeGe，挥发富集物中锗以多种方式存在，但锗的这些化合物都能够与盐酸反应生成 $GeCl_4$ 而被提取。

（4）平衡实验下富集物中锗含量（质量分数）为 16.65%，所能收集的富集物中酸溶锗占原料中酸溶锗的 89.55%，而残渣中酸溶锗占锗尘中酸溶锗的 1.68%，二次富集中酸溶锗的挥发率高。

（5）锗高温火法二次富集过程中，尾气中 CO 含量（质量分数）峰值达到约 $10410×10^{-6}$，峰值出现在 251 s 附近。SO_2 气体含量（质量分数）在 253 s 左右达到峰值，峰值含量（质量分数）高达 $3300×10^{-6}$，整个实验时间段，SO_2 的含量（质量分数）在 $285×10^{-6}$ 以上。NO_x 的含量（质量分数）相对较少，最高时只有 $325×10^{-6}$，约合 400 mg/m³。根据现新建企业工业废气排放标准，应对尾气进行脱硫、脱硝处理。

6 锗的微波湿法提取研究

火法富集只能对锗尘的品位进行提升，很难获得品位高达 99% 以上的 GeO_2 或金属锗，锗的提取最终需要采用湿法工艺将 GeO_2 含量（质量分数）提升到 99% 以上，之后经 H_2 还原和区域提纯而得到高纯锗。在实验室内，经过 12 炉的二次火法富集实验仅仅收到 19.550 g 的富集物，其中酸溶锗含量仅 3.225 g，不够进行一次湿法提取实验，所以不能够进行二次富集物的盐酸浸出蒸馏实验。为了对锗的微波湿法提取工艺进行探索，选取原始锗尘进行湿法提取新工艺的探索，实验结果也可以对二次富集物中锗的湿法提取工艺的选择提供一种参考。

6.1 锗的湿法提取实验的热力学分析

锗湿法提取主要采用盐酸与锗尘中锗化物反应，生成 $GeCl_4$，加热蒸馏收集挥发气体而提取。锗尘中的主族和副族形成的物质会消耗盐酸，所以湿法提取实验前，需要判断锗尘中哪些物质能够与盐酸反应。由锗尘成分分析可知，锗尘中除了锗的化合物外，还含有大量的铁氧化物、MgO、As_2O_3、CaO、Al_2O_3 等，这些氧化物都有可能与盐酸反应生成相应的氯化物，在湿法提取实验前，先计算这些氧化物与盐酸反应生成氯化物的 $\Delta G^{\ominus}$，来判断是否与盐酸反应和反应的先后顺序。各氧化物与盐酸反应的 $\Delta G^{\ominus}$ 的计算采用自由能函数法，计算公式见式(6-1)。

$$\Delta G^{\ominus} = \Delta H_{298}^{\ominus} - T\Delta\phi \tag{6-1}$$

式中　$\Delta G^{\ominus}$——标准吉布斯自由能；

　　$\Delta H_{298}^{\ominus}$——298 K 时反应的标准焓变；

　　$\Delta\phi$——吉布斯自由能函数；

　　T——反应温度。

$\Delta H_{298}^{\ominus}$ 为 298 K 时生成物的标准焓变之和减去反应物的标准焓变之和。$\Delta\phi$ 为反应温度下生成物的自由能函数之和减去反应物自由能函数之和。

锗尘中铁氧化物、MgO、As_2O_3、CaO、Al_2O_3 等与盐酸反应的化学方程式见式 (6-2)~式 (6-8)。

$$GeO_2 + 4HCl \Longrightarrow GeCl_4 + 2H_2O \tag{6-2}$$

$$Al_2O_3 + 6HCl \Longrightarrow 2AlCl_3 + 3H_2O \tag{6-3}$$

$$MgO + 2HCl \Longrightarrow MgCl_2 + H_2O \tag{6-4}$$

$$Fe_2O_3 + 6HCl \Longrightarrow 2FeCl_3 + 3H_2O \tag{6-5}$$

$$FeO + 2HCl \Longrightarrow FeCl_2 + H_2O \tag{6-6}$$

$$CaO + 2HCl \Longrightarrow CaCl_2 + H_2O \tag{6-7}$$

$$As_2O_3 + 6HCl \Longrightarrow 2AsCl_3 + 3H_2O \tag{6-8}$$

式 (6-2)~式 (6-8) 中各物质的吉布斯自由能函数值和标准焓变值见表6-1，利用其中的各值即可计算上述各反应的 $\Delta G^{\ominus}$。

表 6-1　湿法提取各反应的热力学参数

反应物	$\phi_T(298\ K)$ /(J·mol^{-1}·K^{-1})	$\phi_T(300\ K)$ /(J·mol^{-1}·K^{-1})	$\phi_T(400\ K)$ /(J·mol^{-1}·K^{-1})	$\Delta H_{298}^{\ominus}(298\ K)$ /(J·mol^{-1})
CaO	39.75	39.75	41.51	−634295
As_2O_3	122.72	122.72	127.36	−653374

反应物	$\phi_T(298\ \text{K})$ /(J·mol^{-1}·K^{-1})	$\phi_T(300\ \text{K})$ /(J·mol^{-1}·K^{-1})	$\phi_T(400\ \text{K})$ /(J·mol^{-1}·K^{-1})	$\Delta H_{298}^{\ominus}(298\ \text{K})$ /(J·mol^{-1})
HCl	186.74	186.76	187.92	-92049
H$_2$O	188.72	188.73	190.06	-241815
AsCl$_3$	216.31	216.32	216.39	-305015
CaCl$_2$	104.60	104.60	107.50	-795798
GeCl$_4$	248.24	248.24	248.24	-539737
AlCl$_3$	109.29	109.90	112.99	-705633
MgCl$_2$	89.54	89.54	92.41	-641408
FeCl$_3$	142.34	142.34	146.29	-399406
GeO$_2$	55.27	55.27	57.46	-558352
Al$_2$O$_3$	50.94	50.94	54.30	-1675275
MgO	26.95	26.95	28.50	-601242
Fe$_2$O$_3$	-825503.00	87.45	87.45	91.785
FeO	60.75	60.75	62.74	-272045
FeCl$_2$	120.08	120.08	123.14	-342252

将表 6-1 各温度下的数据代入式（6-1）即可计算 3 个温度下各反应的 $\Delta G^{\ominus}$。锗尘的湿法提取温度一般低于 130 ℃，计算 298~400 K 的 $\Delta G^{\ominus}$ 能够满足要求。将 3 个温度下的 $\Delta G^{\ominus}$ 与温度之间拟合直线，即可得到反应方程式（6-2）~式（6-8）的 $\Delta G^{\ominus}$-T 的关系式，如图 6-1 所示。

GeCl$_4$ 的汽化温度为 83 ℃，AsCl$_3$ 的汽化温度为 130 ℃，考虑反应速度，湿法提取的温度选取 95~125 ℃，取 95 ℃、105 ℃、115 ℃和 125 ℃四个实验温度，四个温度下反应式（6-2）~式（6-8）的 $\Delta G^{\ominus}$ 见表 6-2。

由锗尘中各氧化物与盐酸反应的 $\Delta G^{\ominus}$ 可见，在湿法提取的实验温度范围内，CaO、Fe$_2$O$_3$、MgO、As$_2$O$_3$、FeO 和 GeO$_2$ 与盐酸反应的 $\Delta G^{\ominus}$ 小于 0，在湿法提取时需要考虑这些氧化物的盐酸含量，而该温度区间 Al$_2$O$_3$ 不与盐酸反应。

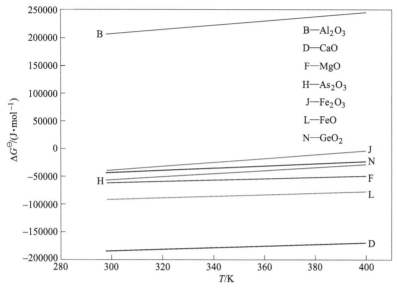

图 6-1 锗尘中各氧化物与盐酸反应的 $\Delta G^{\ominus}$-T 图

彩图

表 6-2 湿法提取时氧化物与盐酸反应的 $\Delta G^{\ominus}$ （J/mol）

生成氯化物	$\Delta G_T^{\ominus}$（95 ℃）	$\Delta G_T^{\ominus}$（105 ℃）	$\Delta G_T^{\ominus}$（115 ℃）	$\Delta G_T^{\ominus}$（125 ℃）
$CaCl_2$	−175125.9	−173931.9	−172737.9	−171543.9
$AlCl_3$	232818.9	236662.9	240507.0	244351.1
$AsCl_3$	−37812.4	−35070.8	−32329.2	−29587.7
$FeCl_3$	−15202.4	−11653.2	−8104.1	−4554.9
$MgCl_2$	−53008.7	−51799.5	−50590.4	−49381.2
$FeCl_2$	−81777.0	−80524.8	−79272.6	−78020.5
$GeCl_4$	−30028.5	−28000.4	−25972.4	−23944.3

比较湿法提取温度区间各氧化物与盐酸反应的 $\Delta G^{\ominus}$ 大小，氧化物与盐酸反应趋势由大到小的顺序为：CaO、FeO、MgO、As_2O_3、GeO_2、Fe_2O_3，说明在湿法提取的温度区间内，盐酸优先与 CaO、FeO、MgO、As_2O_3 反应，再与 GeO_2 反应，在湿法提取时应考虑几者的盐酸含量。

6.2　锗湿法提取实验

6.2.1　锗湿法提取实验设计

湿法提取主要利用盐酸与锗尘中锗化物反应生成 $GeCl_4$，$GeCl_4$ 沸点仅为 83.1 ℃，而锗尘中其他氧化物与盐酸反应生成氯化物沸点都高于此温度，通过控制蒸馏温度把 $GeCl_4$ 从溶液中分离出来，达到锗尘中锗湿法提取的目的。

$GeCl_4$ 在盐酸中有一定的溶解度，当盐酸浓度小于 6.0 mol/L 时，$GeCl_4$ 反而会发生水解反应而生成 GeO_2，而不能被提取。盐酸浓度高于 7.0 mol/L 时，$GeCl_4$ 不会水解，而是随盐酸浓度的升高溶解度降低，湿法提取过程盐酸浓度要不低于 8.0 mol/L。

As 是锗产品中的主要杂质元素，去除较为困难，在湿法提取的时候，加入一定量的高锰酸钾，利用其强氧化性，将砷氧化为稳定的氧化物，该氧化物不易与四氯化锗一起逸出。

湿法提取过程由于实验设备容量有限，蒸馏出的 $GeCl_4$ 量有限，且其绝大部分凝结在管壁上，无法对其进行收集和测试，所以湿法提取时仅对提取实验后残渣进行分析。湿法提取实验采用正交实验，包括盐酸浓度、实验温度、液固比、实验时间、氧化剂高锰酸钾加入量五个因素。盐酸浓度取 9.5 mol/L、9.0 mol/L、8.5 mol/L 和 8.0 mol/L 四个水平，实验温度取 125 ℃、115 ℃、105 ℃ 和 95 ℃ 四个水平，目前企业生产时间为 2 h，湿法提取时蒸馏时间取 120 min、90 min、60 min 和 30 min，锗尘与盐酸用量之比与锗尘中氧化物种类和含量有关，生产中固液比为（1∶3.5）～（1∶4.0），湿法提取液固比取 2.0、2.5、3.5、4.0 四个水平，氧化剂加入量取 7.5%、5.0%、2.5% 和 0% 四个水平，具体方案见表 6-3，实验用第二批锗含量（质量分数）为 0.36% 的锗尘。

表 6-3　湿法提取实验方案

序号	酸浓度/(mol·L^{-1})	温度/℃	液固比	时间/min	氧化剂加入量/%
1	8.0	95	2.0	30	0
2	8.5	95	2.5	60	2.5
3	9.0	95	3.5	90	5.0
4	9.5	95	4.0	120	7.5
5	9.0	105	2.5	30	7.5
6	9.5	105	2.0	60	5.0
7	8.0	105	4.0	90	2.5
8	8.5	105	3.5	120	0

序号	酸浓度/(mol·L^{-1})	温度/℃	液固比	时间/min	氧化剂加入量/%
9	9.5	115	3.5	30	2.5
10	9.0	115	4.0	60	0
11	8.5	115	2.0	90	7.5
12	8.0	115	2.5	120	5.0
13	8.5	125	4.0	30	5.0
14	8.0	125	3.5	60	7.5
15	9.5	125	2.5	90	0
16	9.0	125	2.0	120	2.5

6.2.2 实验装置及实验过程

湿法提取实验在可控温的微波炉内进行，湿法提取容器用三口圆底烧瓶，烧瓶中间出口连接冷却装置，用于收集 GeCl$_4$，左边出口连接微波炉专用热电偶，用于控温，热电偶用玻璃管保护，玻璃管与烧瓶之间采用磨砂密封。右边出口插入一根玻璃管，连接氮气，用于搅拌，湿法提取实验装置如图 6-2 所示。

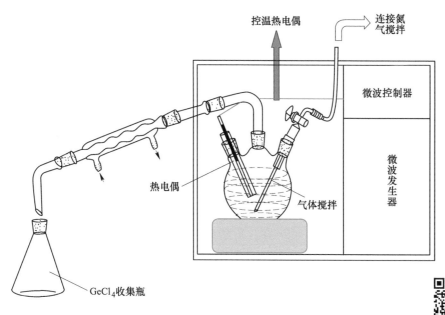

图 6-2 实验反应装置图

　　先将锗尘在 60 ℃下干燥 1 天，然后将各种原料混匀移入三口烧瓶中，放入微波炉中，组装好冷凝系统、热电偶和氮气搅拌玻璃管，进行湿法提取实验，湿法提取的升温速度为 3 ℃/min。实验结束后将残渣用蒸馏水洗涤 3 遍，过滤分离。滤后剩余的固体残渣，在 120 ℃下干燥 8 h。将干燥后的残渣研磨至 0.074 mm，保存起来检测其中锗含量。

6.3 湿法提取实验结果及分析

6.3.1 微波浸出蒸馏过程正交实验结果

锗尘盐酸浸出蒸馏实验结束后，将残渣过滤，用蒸馏水洗涤 3 遍，在 120 ℃下干燥 8 h，之后磨细过 0.074 mm 筛，将研磨好的固体残渣用比色法测量其中锗含量，检测结果见表 6-4。

由表 6-4 可见，湿法提取后残渣中锗含量（质量分数）最高为 0.0593%，最低为 0.0187%，微波湿法提取渣中残余锗含量（质量分数）占锗尘中锗含量（质量分数）的 6%~16%，与工业上蒸汽反应釜常规方法的 9%~30% 相比较，含量稳定且较低，正交实验分析结果见表 6-5。

表 6-4　湿法提取实验结果

序号	酸浓度/(mol·L^{-1})	温度/℃	液固比	时间/min	氧化剂加入量/%	残渣锗含量（质量分数）/%
1	8.0	95	2.0	30	0	0.0490
2	8.5	95	2.5	60	2.5	0.0438
3	9.0	95	3.5	90	5.0	0.0376
4	9.5	95	4.0	120	7.5	0.0590
5	9.0	105	2.5	30	7.5	0.0510
6	9.5	105	2.0	60	5.0	0.0552
7	8.0	105	4.0	90	2.5	0.0530
8	8.5	105	3.5	120	0	0.0270
9	9.5	115	3.5	30	2.5	0.0389
10	9.0	115	4.0	60	0	0.0459
11	8.5	115	2.0	90	7.5	0.0450
12	8.0	115	2.5	120	5.0	0.0480
13	8.5	125	4.0	30	5.0	0.0416
14	8.0	125	3.5	60	7.5	0.0510
15	9.5	125	2.5	90	0	0.0187
16	9.0	125	2.0	120	2.5	0.0593

表 6-5　　正交实验分析结果

各水平残渣锗含量均值/%	温度	时间	液固比	盐酸浓度	氧化剂与原料比
K_1	0.0474	0.0451	0.0521	0.05025	0.03515
K_2	0.0466	0.0490	0.0404	0.03935	0.04875
K_3	0.0445	0.0386	0.0386	0.04845	0.04560
K_4	0.0427	0.0483	0.0499	0.04295	0.05150
R	0.0047	0.0104	0.0135	0.01090	0.01635

由极差 R 可以看出，对实验结果影响大小的因素排序：氧化剂与原料比>液固比>盐酸浓度>时间>温度。湿法提取效果并不是液固比越大越好，液态量大，则其中溶解的 $GeCl_4$ 量也越多，不利于提高锗的收得率。

锗尘湿法提取正交实验分析得到最佳实验条件为：温度为 125 ℃、时间为 90 min、液固为 3.5、盐酸浓度为 8.5 mol/L。氧化剂会消耗一定量的盐酸，从湿法提取实验结果看，不加氧化剂也能取得较好的实验结果。$AsCl_3$ 的沸点约 130 ℃，125 ℃ 与之接近，为了降低 $AsCl_3$ 的量，湿法提取温度选择 115 ℃，由此综合分析得到加氧化剂和不加氧化剂的最佳实验条件，见表 6-6。

表 6-6　　微波湿法提取最优实验条件

温度/℃	时间/min	液固比	盐酸浓度/(mol·L^{-1})	氧化剂与原料比
115	90	3.5	8.5	0
115	90	3.5	9.5	0.05

6.3.2　锗湿法提取后残渣形貌及成分

为了了解湿法提取后残渣形貌和组成，对残渣进行了扫描和能谱分析。洗涤、过滤、干燥后的固体残渣形貌如图 6-3 所示，图 6-3 中各点成分见表 6-7。残渣 Si 元素含量最高，其次是 Al 和 Fe，锗尘中二氧化硅和 Al_2O_3 不与盐酸反应，而三氧化二铁会与盐酸反应，所以残渣中其含量较高，这与热力学计算结果一致。

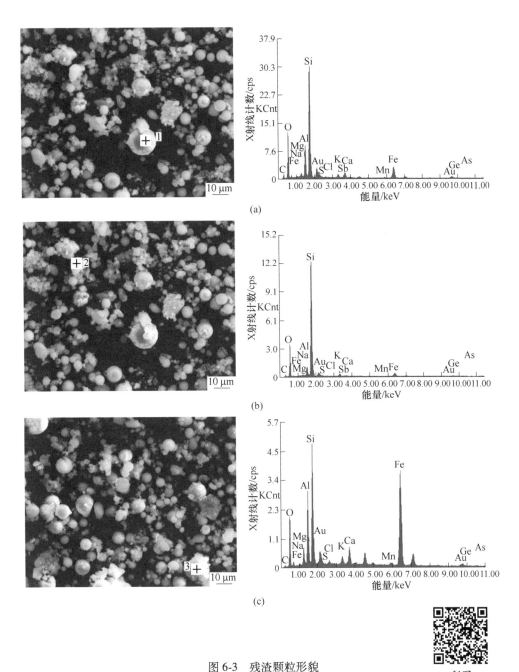

图 6-3 残渣颗粒形貌

（a）（b）高硅相；（c）复合氧化物

彩图

表 6-7　残渣各点成分　　　　　　　　（%）

元素	点 1 处残渣成分	点 2 处残渣成分	点 3 处残渣成分
C	9.89	13.25	3.06
O	38.27	35.48	20.25
Na	0.47	0.37	0.40
Mg	0.62	0.96	3.77
Al	2.99	7.21	13.18
Si	40.57	27.93	22.68
S	0.24	0.53	0.11
Cl	0.20	0.19	0.53
K	0.95	0.82	1.14
Sb	0.04	0.37	—
Ca	0.38	1.44	2.35
Mn	0.10	0.24	0.74
Fe	2.67	5.70	27.87
Au	2.17	0.31	3.74
Ge	0.02	0.07	0.00
As	0.06	0.12	0.18

　　为了确定残渣物相，对其进行了 X 射线衍射检测，扫描角度为 10°~80°，在进行 X 射线衍射分析之前，在 600 ℃下进行了除碳处理，物相检测结果如图 6-4 所示。

　　由 X 射线衍射分析结果可得出，残渣中剩余的物质中二氧化硅含量最高，还含有一定量的硅酸盐、三氧化二铁等，并没有发现锗（Ge）的相关物相存在。锗尘浸出蒸馏后结果可以看出，二氧化硅不能与盐酸反应，GeO_2 溶于二氧化硅后也就不能与盐酸反应而生产 $GeCl_4$ 而被蒸馏提取。

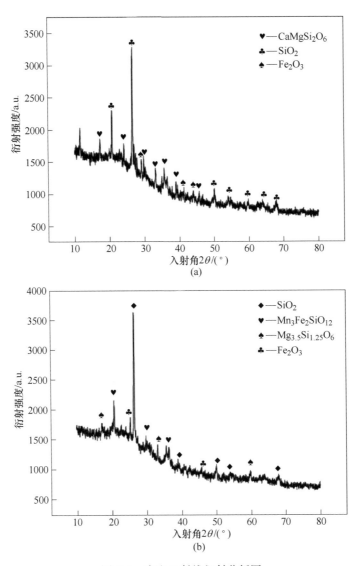

图 6-4 残渣 X 射线衍射分析图

6.4　常规加热与微波加热锗提取对比

6.4.1　两种加热方式锗提取对比实验设计

　　在前期的正交实验中，获得了微波法下锗尘的盐酸浸出蒸馏提取锗的最佳实验条件，用此条件进行传统加热锗提取和微波加热锗提取的对比实验。实验所用原料来源于锡林郭勒蒙东锗业科技有限公司，该公司锗尘中锗的提取先进行反应釜粗蒸，之后进行多次精馏，粗蒸工艺条件为：温度为 85~127 ℃、时间为 90~150 min、液固比例为 3.5~4.0、盐酸浓度为 8.5~9.5 mol/L、高锰酸钾作为氧化剂。

　　由于实验室没有蒸汽加热设备，为与微波加热方式进行对比，采用油浴加热，实验条件选择见表 6-8。

　　锗的常规蒸馏提取模拟实验与微波湿法提取实验装置类似，区别仅是加热方式不同。实验结束后将固体部分洗涤、过滤，研磨至 0.074 mm，待测。

表 6-8　对比实验结果表

实验	温度/℃	时间/min	液固比	盐酸浓度 /(mol·L^{-1})	氧化剂比	第一组实验残余锗含量(质量分数)/%	第二组实验残余锗含量(质量分数)/%
油浴	115	90	3.0	8.5	0	0.0176	0.0195
油浴	115	90	3.5	9.5	0.05	0.0108	0.0084
微波	115	90	3.0	8.5	0	0.0118	0.0078
微波	115	90	3.5	9.5	0.05	0.0075	0.0027

6.4.2　微波浸出蒸馏与常规实验结果对比

　　微波实验过程与前面所述的相同，只是将实验条件改为最佳实验条件。为了保证优化实验的准确性，分别做了两组平行实验，经过检测得出残渣剩余锗含量（质量分数）的结果，见表 6-8。

　　微波湿法提取下渣残留锗含量（质量分数）为 0.0118%，最小值为 0.0027%，湿法提取正交实验渣中残余锗含量（质量分数）最低为 0.0187%，最优实验方案所得结果的最小值小于正交试验的最小值，方案合理。常规方法所得的渣中残余锗含量（质量分数）为 0.0084%~0.0195%，高于微波的方法。

　　实验过程中油浴加热升温缓慢且不均匀，温度调节慢，而微波加热时，温度稳定，升温均匀，加热过程自动平稳，避免过热，效果更佳。

6.4.3　锗湿法提取后渣的成分

表6-9是锗湿法提取后渣的成分，可以看出，渣中二氧化硅和Al_2O_3含量相对锗尘都有较大幅度的提高，说明湿法提取过程中二氧化硅和Al_2O_3不与盐酸反应，这与热力学计算结果一致。TFe含量相对锗尘有所下降，锗尘湿法提取后渣质量减少，TFe含量再降低，说明锗尘中部分铁氧化物与盐酸反应进入溶液。渣中氧化钙含量降低幅度较大，氧化镁含量小幅下降，说明盐酸能够与这类氧化物反应，在考虑盐酸配入量时，应该计算这部分盐酸耗量。As_2O_3含量（质量分数）从1.13%下降到0.22%，说明即使实验温度低于$AsCl_3$的沸腾温度，也会有大量的$AsCl_3$进入$GeCl_4$。

表6-9　残渣中主要物质的含量

组成	$w(SiO_2)/\%$	$w(Al_2O_3)/\%$	$w(TFe)/\%$	$w(MgO)/\%$	$w(CaO)/\%$	$w(As_2O_3)/\%$	$w(C)/\%$	$w(S)/\%$
微波	64.9	16.9	6.8	1.6	2.3	0.3	2.5	0.2
油浴	58.9	15.8	6.0	1.5	2.1	0.2	3.1	0.1

6.5　锗微波湿法提取过程动力学

6.5.1　GeO₂与氧化物高温处理后锗蒸馏动力学

先将 GeO₂ 和锗尘中四种主要氧化物（CaO、MgO、SiO₂、Fe₂O₃）在 1200 ℃高温焙烧 6 h，将焙烧得到的含锗物质在一定条件下（正常大气压，蒸馏温度 95 ℃等条件下）进行盐酸蒸馏实验，记录蒸馏时间 $t = 5$ min、10 min、15 min、20 min、25 min 时对应的蒸发量，蒸馏残余的体积以及分析对应时间下剩余溶液的锗含量浓度，计算蒸发出的锗量，蒸馏动力学用实验装置如图 6-5 所示，不同体系各时间点渣中残留锗含量见表 6-10。

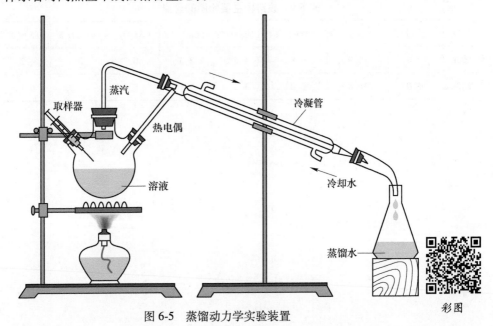

图 6-5　蒸馏动力学实验装置

彩图

表 6-10　蒸馏时间和对应时间剩余锗含量

蒸馏时间	5 min	10 min	15 min	20 min	25 min	理论锗含量（质量分数）/%
$w(GeO_2)$/%	24.00	13.72	5.25	1.40	0.60	69.40
$w(GeO_2+SiO_2)$/%	28.75	18.45	13.19	8.58	7.26	44.12
$w(GeO_2+CaO)$/%	24.00	7.66	2.26	0.68	0.26	56.47
$w(GeO_2+MgO)$/%	27.90	10.47	4.45	1.39	0.74	59.65
$w(GeO_2+Fe_2O_3)$/%	9.35	7.04	1.91	0.92	0.53	27.45

根据表 6-10 分析做出相应的锗含量变化规律图，如图 6-6 和图 6-7 所示。从图 6-6 挥发出锗量 $\Delta Ge\%$-时间 t 直观数据图可以看出，10 min 前每组实验中锗大量已经蒸馏出去，而这时 GeO_2 和二氧化硅反应生成的固溶体在盐酸中溶解较慢，相对其他组挥发出锗量较少，从而残渣中含有的锗量较多。

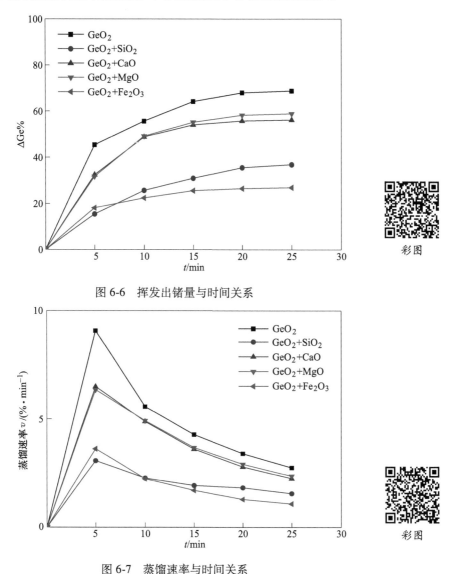

图 6-6　挥发出锗量与时间关系

图 6-7　蒸馏速率与时间关系

从图 6-7 蒸馏速率-时间图中可以看出每组蒸馏速率呈现出先增后减的趋势，在 5 min 达到最大值，前 10 min 内，GeO_2+SiO_2 的蒸馏速率最小，其形成的固溶体明显降低了其在盐酸介质下的蒸馏速度，其中 10 min 后 $v(GeO_2+Fe_2O_3)<$

$v(\text{GeO}_2+\text{SiO}_2)$是因为前者的锗含量（质量分数 27.45%）小于后者锗含量（质量分数 44.12%）。GeO_2 与二氧化硅形成的固溶体已经有 Ge^{4+} 固溶进入二氧化硅晶格中，而二氧化硅不与盐酸反应，也就出现上述现象。

图 6-8 为锗尘中锗的蒸出率与时间之间的关系，CaO、MgO 和 Fe_2O_3 三种物质对锗的蒸馏速率不会造成很大影响，而且锗浸出蒸馏回收率较高，但 GeO_2 和二氧化硅形成的固溶体不仅会降低锗的蒸馏速率，而且其中的锗并不能都被蒸馏出来，造成一部分锗回收损失。

GeO_2 盐酸浸出蒸馏过程的浸出阶段分为 4 个步骤：

（1）盐酸溶液中 H^+ 离子扩散到固体颗粒表面；

（2）H^+ 离子从颗粒表面通过固体膜扩散到未反应核表面；

（3）界面化学反应，释放出 Ge^{4+} 离子；

（4）Ge^{4+} 由未反应核界面扩散进入盐酸溶液。

浸出过程分为两种情况，一是如果 GeO_2 不与盐酸反应的杂质在一起，则浸出过程其尺寸几乎不变化，而是反应后生成固体多孔膜层，如果该固体多孔膜层为限制性环节，反应速率方程见式（6-9）。

$$1 - \frac{2}{3}\alpha - (1-\alpha)^{\frac{2}{3}} = k_\text{D}t \qquad (6\text{-}9)$$

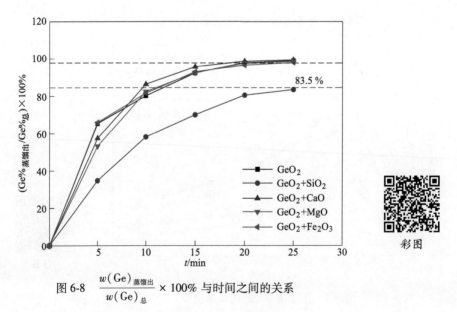

图 6-8　$\dfrac{w(\text{Ge})_{蒸馏出}}{w(\text{Ge})_{总}} \times 100\%$ 与时间之间的关系

如果反应速率受化学反应控制，则反应速率方程见式（6-10）。

$$1 - (1-\alpha)^{\frac{1}{3}} = k_\text{c}t \qquad (6\text{-}10)$$

如果没有固体多孔膜层的形成，则采用收缩核-扩散控制模型，见式(6-11)。

$$1 - (1 - \alpha)^{\frac{1}{3}} = k_d t \tag{6-11}$$

式中 α——锗的浸出率；

k_D——扩散速率常数；

k_C——界面化学反应速率常数；

k_d——反应速率常数。

将表6-10中的数据用式（6-9）、式（6-10）或式（6-11）进行处理，结果如图6-9所示。数据处理结果显示，GeO_2、GeO_2-CaO、GeO_2-MgO、GeO_2-Fe_2O_3四个体系符合收缩核-扩散控制模型，而 GeO_2-SiO_2 体系符合未反应收缩模型的多孔产物层的扩散限制模型，各体系拟合方程见表6-11。

表6-11 5个体系模型拟合方程

体系	动力学模型方程	R^2
GeO_2	$y = 0.171 + 0.026x$	0.980
GeO_2-SiO_2	$y = -0.013 + 0.007x$	0.980
GeO_2-CaO	$y = 0.163 + 0.029x$	0.929
GeO_2-MgO	$y = 0.136 + 0.027x$	0.945
GeO_2-Fe_2O_3	$y = 0.181 + 0.023x$	0.929

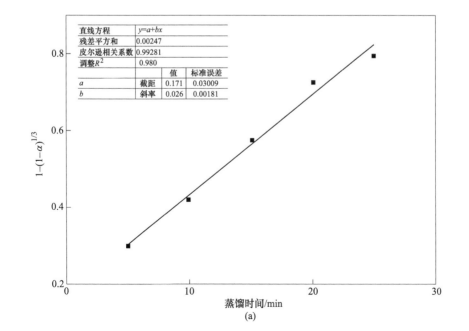

(a)

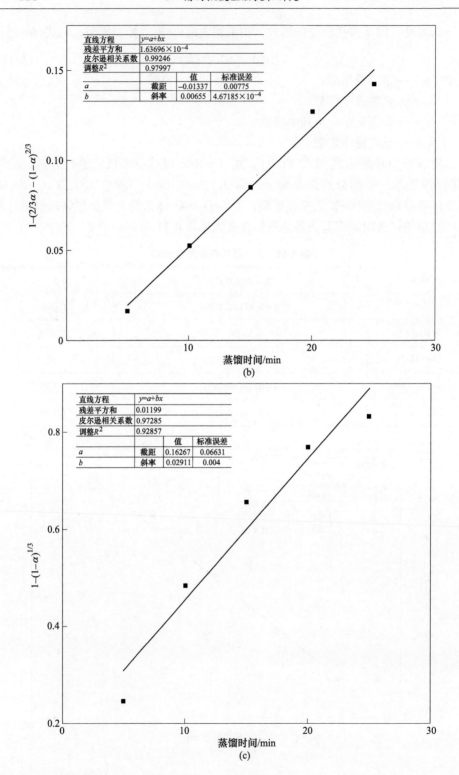

(b)

(c)

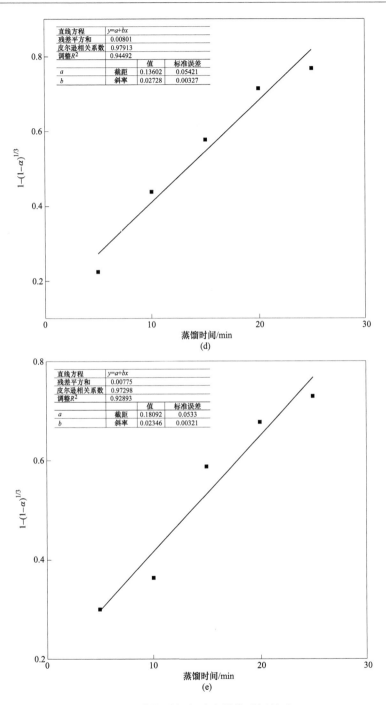

图 6-9 蒸馏时间与动力学模型间关系

（a）GeO$_2$ 界面反应；（b）GeO$_2$+SiO$_2$ 扩散；（c）GeO$_2$+CaO 界面反应；

（d）GeO$_2$+MgO 界面反应；（e）GeO$_2$+Fe$_2$O$_3$ 界面反应

6.5.2　锗尘中锗微波湿法提取过程动力学

　　为了确定锗的微波盐酸浸出蒸馏提锗的速率，微波加热下，115 ℃、固液比 3.5、盐酸浓度 8.5 mol/L、氧化剂比例 0 的条件，进行了简单的动力学实验。在蒸馏过程中分别取 10 min、20 min、30 min、40 min、50 min、60 min、70 min、80 min、90 min 的蒸馏残渣进行过滤收集，并且对残渣进行了检测，见表 6-12。

表 6-12　湿法提取平衡实验残余锗含量

时间/min	0	10	20	30	40	50	60	70	80	90
残余锗含量（质量分数）/%	0.360	0.231	0.193	0.166	0.123	0.111	0.087	0.052	0.031	0.015

　　将表 6-12 的数据用式（6-9）、式（6-10）或式（6-12）进行处理，结果如图 6-10 所示，可见锗尘的盐酸浸出蒸馏提取过程符合收缩核-扩散控制模型，模型拟合方程见式（6-12），说明锗尘中锗以附着在各种氧化物表面为主。

$$y = 0.04792 + 0.00625x \qquad R^2 = 0.973 \qquad (6\text{-}12)$$

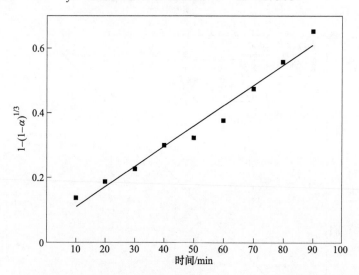

图 6-10　锗尘蒸馏过程时间与 $1 - (1 - \alpha)^{1/3}$ 之间关系

6.6 本 章 小 结

（1）锗的微波湿法提取最佳实验条件为温度 115 ℃、时间 90 min、液固比 3.5、盐酸浓度 8.5 mol/L。

（2）与常规锗浸出蒸馏相比，微波浸出蒸馏后，残余锗含量可达到 61×10^{-6}，而常规浸出蒸馏残余锗含量最小值为 190×10^{-6}，锗的微波加热法盐酸浸出蒸馏锗的回收率更高。

（3）MgO、CaO、Fe_2O_3 对锗的浸出蒸馏速度影响较小，而 GeO_2 和二氧化硅形成的固溶体不仅会降低其蒸馏的速率，而且其中的锗并不能都被蒸馏出来，造成一部分锗回收损失。在锗的火法富集过程尽量减少或抑制锗在二氧化硅中的固溶量有利于提高锗的湿法提取回收率。

（4）GeO_2-SiO_2 浸出蒸馏提取过程以多孔产物层的扩散为限制性环节，GeO_2、GeO_2-CaO、GeO_2-MgO、GeO_2-Fe_2O_3 和锗尘 5 个体系的浸出蒸馏过程符合收缩核-扩散控制模型。

7 结 论

（1）锗尘中二氧化硅和铁氧化物含量最高，其次为 Al_2O_3、氧化钙和氧化镁，锗含量较低，其含量（质量分数）在 0.53% 以下。未除碳前，锗分散地存在于锗尘中的各相中，除碳后锗尘中的锗以 $Mg_3Fe_3GeO_8$ 锗酸盐复合氧化物形式存在，并镶嵌在二氧化硅和氧化钙等氧化物中，使得难以采用选矿的方式进行二次富集。

（2）锗尘二元碱度为 0.25~1.5 时，锗尘的熔点低于 1263 ℃；原料锗尘的黏度较高，但添加氧化钙，调整碱度为 1.0 后，黏度大大降低，在较宽的温度范围内，流动性较好，能够满足后期排渣的要求。

（3）锗尘中氧化钙配入量为 30% 时，消化时间应大于 8 h，消化完成后，采用压球法能够获得满足火法富集过程强度要求的锗球，而圆盘造球法获得的锗球强度较低，难以满足二次富集强度要求。

（4）温度高于 1140 ℃ 时，处理 5 h，GeO_2 能够全部溶解于二氧化硅中形成固溶体。GeO_2 完全溶于二氧化硅后，锗的盐酸浸出蒸馏提取回收率仅为 11.05%~13.26%。在 SiO_2-GeO_2 二元系中添加氧化钙会形成 $CaGeO_3$ 化合物，降低二氧化硅中 GeO_2 的溶解量，锗的盐酸浸出蒸馏提取回收率由 11.05% 提高到 75.03%。GeO_2 与氧化钙之间能够生成多种复合氧化物，但两者间形成的复合化合物对锗的盐酸浸出蒸馏提取锗的影响较小。高温下 GeO_2 与三氧化二铁之间没有反应，三氧化二铁对锗的盐酸浸出蒸馏提取锗的影响较小。

（5）碳的存在有利于 GeO_2 被还原为 GeO 而被收集富集，氧化钙和氧化镁对 GeO_2 的还原挥发富集影响较小，而 GeO_2 能够溶于二氧化硅中影响其还原挥发富集，碳含量太高时三氧化二铁被还原为 Fe，GeO_2 会被还原为 Ge 溶于铁中，影响 GeO_2 的还原富集。

（6）锗的火法二次富集最佳条件：碱度为 1.0，含碳量（质量分数）为 3%，温度为 1600 ℃，保温时间 1 h。富集物中锗含量（质量分数）为 16.65%，酸溶锗回收率为 89.55%。富集产物中主要含有 As_2O_3、$Ca_2Ge_7O_{16}$、Ca_2GeO_4，锗的这些化合物都能够与盐酸反应生成 $GeCl_4$ 而被提取。根据 Freeman-Carroll 微分法求解热分析动力学，求得碳还原锗活化能为 688.6 kJ/mol，反应级数为 0.27 级，动力学方程满足三维扩散模型。

（7）锗高温火法二次富集过程中，尾气中 CO 的含量（质量分数）在 250 s 的时候达到了最大值，约为 $10400×10^{-6}$，约合 13000 mg/m³，250~350 s 内又急剧下降，然后基本维持在 51×10^{-6}。SO_2 气体量在 250 s 左右时达到最大值，约为 3300×10^{-6}，约合 9486 mg/m³，随后缓慢下降低至 285×10^{-6}，约合 800 mg/m³。NO_x 的含量相对较少，最高时只有 325×10^{-6}，约合 400 mg/m³。根据现新建企业工业废气排放标准，应对尾气进行脱硫、脱硝处理。

（8）锗的微波湿法提取最佳条件为温度 115 ℃、时间 90 min、液固比 3.5、盐酸浓度为 8.5 mol/L。微波湿法提取后，残余锗含量（质量分数）低至 0.0027%，而常规浸出蒸馏残余锗含量（质量分数）最小值为 0.0084%。氧化镁、氧化钙、三氧化二铁对锗的浸出蒸馏速度影响较小，而 GeO_2 和二氧化硅形成的固溶体不仅会降低其蒸馏的速率，而且其中的锗并不能都被蒸馏出来，造成锗回收损失。

参 考 文 献

[1] Hallam A, Payne K W. Germanium enrichment in lignites from the lower lias of dorset [J]. Nature, 1958, 181 (4): 1008-1009.

[2] Akkurt S, Ozdemir S, Tayfur G. Genetic algorithm-artificial neural network model for the prediction of germanium recovery from zinc plant residues [J]. Mineral Processing and Extractive Metallurgy, 2002, 111 (3): 129-134.

[3] Powell A R. The extraction and refining of germanium and gallium [J]. Journal of Applied Chemistry, 2007 (4): 541-551.

[4] Arroyo F, Fernández-Pereira C, Olivares J, et al. Hydrometallurgical recovery of germanium from coal gasification fly ash pilot plant scale evaluation [J]. Industrial & Engineering Chemistry Research, 2009, 48 (7): 3573-3579.

[5] Yakushevich A S, Bratskaya S Y, Ivanov V V, et al. Germanium speciation in lignite from a germanium-bearing deposit in Primorye [J]. Geochemistry International, 2013, 51 (8): 405-412.

[6] Bailey S G, Raffaelle R, Emery K. Space and terrestrial photovoltaics: synergy and diversity [J]. Progress in Photovoltaics Research and Applications, 2002, 10 (6): 399-406.

[7] Bazhov P S, Sviridova M N, Tanutrov I N. Processing of the metal sulfide alloy after smelting of the germanium containing raw material [J]. Russian Journal of Non-ferrous Metals, 2009, 50 (6): 592-595.

[8] Robertz B, Verhelle J, Schurmans M. The primary and secondary production of germanium: a life-cycle assessment of different process alternatives [J]. JOM, 2015, 67 (1): 412-424.

[9] Bernstein L R. Germanium geochemistry and mineralogy [J]. Geochimica et Cosmochimica Acta, 1985, 49 (11): 2409-2422.

[10] Bohrer M. A process for recovering germanium from effluents of optical fiber manufacturing [J]. Lightwave Technology, 1985, 3 (3): 99-105.

[11] Bohrer M P, Lu P Y. Process for the direct production of germanium tetrachloride from hydrated germinate-containing solids using gaseous hydrogen chloride: US, 6337057 [P]. 2002.

[12] Bo J, Huang W H, Sun Q L. Distribution characteristics and enrichment model of germanium in coal: an example from the Yimin Coalfield, Hailar Basin, China [J]. Natural Resources Research, 2021, 30 (9): 725-740.

[13] Chen S, Li X Q, Huang H T. Winning germanium from zinc sulphate solution by solvent extraction [C]//ICHM'98 Proceedings of the Third International Conference on Hydromeytallurgy Kunming, 1998: 509-512.

[14] Cote G, Bauer D. Liquid-liquid extraction of germanium with oxine derivation [J]. Hydrometallurgy, 1980, 5 (2/3): 149-160.

[15] David E G. Germanium statistics and information [M]. U. S. Geological Survey, Mineral Commodity Summaries, 2012: 64.

[16] Drzazga M, Benke G, Ciszewski M, et al. Recovery of germanium from sulphate solutions containing indium and tin using cementation with zinc powder [J]. Minerals, 2020, 10 (4): 1-10.

[17] Rosenberg E. Germanium: environmental occurrence, importance and speciation [J]. Reviews in Environmental Science and Bio/Technology, 2009, 8 (11): 29-57.

[18] Torralvo F A, Fernández-Pereira C. Recovery of germanium from real fly ash leachates by ion-exchange extraction [J]. Minerals Engineering, 2011, 24 (1): 35-41.

[19] Arroyo F, Fernández-Pereira C. Hydrometallurgical recovery of germanium from coal gasification fly ash: solvent extraction method [J]. Industrial & Engineering Chemistry Research, 2008, 47 (9): 3186-3191.

[20] Arroyo F, Font O, Fernández Pereira C, et al. Germanium recovery from gasification fly ash: evaluation of end-products obtained by precipitation methods [J]. Journal of Hazardous Materials, 2009, 167 (1/2/3): 582.

[21] Gao Z M, Yao L B. Super-enrichment of dispersed elements and associated ore deposits [J]. Chinese Journal of Geochemistry, 2004, 23 (1): 46-51.

[22] Akira Iwashita, Tsunenori Nakajima, Hirokazu Takanashi, et al. Determination of trace elements in coal and coal fly ash by joint-use of ICP-AES and atomic absorption spectrometry [J]. Talanta, 2007, 71 (1): 251-257.

[23] Gokturk G, Delzendeh M, Volkan M. Preconcentration of germanium on mercapto-modified silica gel [J]. Spectrochimica Acta Part B, 2000, 55 (7): 1063-1071.

[24] Guo X W, Guo X M. Interference-free atomic spectrometric method for the determination of trace amounts of germanium by utilizing the vaporization of germanium tetrachloride [J]. Analytica Chimica Acta, 1996, 330 (2/3): 237-243.

[25] Hernández-Expósito A, Chimenos J M, Fernández A I, et al. Ion flotation of germanium from fly ash aqueous leachates [J]. Chemical Engineering Journal, 2006, 118 (1): 69-75.

[26] Kawakita H, Morisada S, Ohto K. Germanium recovery using ion-exchange membrane and solvent extraction [J]. Journal of Ion Exchange, 2014, 25 (4): 88-92.

[27] Bo W T, Wu J W, Miao Z Y, et al. Germanium extraction from lignite using gravity separation combined with low-temperature sintering and chlorinated distillation [J]. Separation and Purification Technology, 2024, 329 (1): 1-9.

[28] Haghighi H K, Irannajad M. Roadmap for recycling of germanium from various resources: reviews on recent developments and feasibility views [J]. Environmental Science and Pollution Research, 2022, 29 (5): 48126-48151.

[29] Qi H W, Hu R Z, Qi L. Experimental study on the interaction between peat, lignite and germanium: bearing solution at low temperature [J]. Science in China Series D: Earth Sciences, 2005, 48 (9): 1411-1417.

[30] Liang J, Xu K, Fan L J, et al. The synthesized principle and property of several extraction agents for germanium [J]. Advanced Materials Research, 2012, 455/456: 624-629.

[31] Kohlenbergbau A, Leitung D. A process for the recovery of germanium from tarresidues: GB, 705542 [P]. 1954.

[32] Krik-othmer. Encyclopedia of chemical technology [D]. Jonn, Wily and Son Inc, 1983.

[33] Admakin L A. Assessment of the microelement distribution among the structural components of coal [J]. Coke and Chemistry, 2018, 61 (10): 246-253.

[34] Admakin L A. Concentration of germanium in lignite deposits [J]. Coke and Chemistry, 2019, 62 (1): 437-446.

[35] Admakin L A. Concentration of trace elements in coal [J]. Coke and Chemistry, 2015, 58 (6): 88-95.

[36] Lebleu A, Fossipaul T. Proeess for the recovery and purification of germanium from zincores: US, 4090871 [P]. 1978.

[37] Lee H, Kim S G, Oh J K. Proeess for recovery of gallium from zinc residues [J]. Transations C, 1994, 104 (1): 76-79.

[38] Janković M, Janković B, Marinović-Cincović M, et al, Experimental study of low-rank coals using simultaneous thermal analysis (TG-DTA) techniques under air conditions and radiation level characterization [J]. Journal of Thermal Analysis and Calorimetry, 2020, 142 (1): 547-564.

[39] Matis K A, Stalidis G A, Zoumboulis A I. Flotation of germanium from dilute solutions [J]. Separation Science and Technology, 1988, 23 (4/5): 2467-2475.

[40] Frenzel M, Ketris M P, Gutzme J. On the geological availability of germaniumr [J]. Mineralium Deposita, 2014, 49 (12): 471-486.

[41] Menendez F J, Menendez F M, De La C H A, et al. Process for the recovery of germanium from solutions that contain it: US, 4886648 [P]. 1989.

[42] Kul M, Topkaya Y. Recovery of germanium and other valuable metals from zinc plant residues [J]. Hydrometallurgy, 2008, 92 (3/4): 87-94.

[43] Moskalyk R R. Review of germanium processing worldwide [J]. Minerals Engineering, 2004, 17 (3): 393-402.

[44] Murnane R J. Germanium and silica in the drainage basin [J]. Nature, 1990, 344: 749-752.

[45] Shpirt M Y, Lavrinenko A A, Kuznetsova I N, et al. Thermodynamic evaluation of the compounds of gold, silver, and other trace elements formed upon the combustion of brown coal [J]. Solid Fuel Chemistry, 2013, 47 (10): 263-271.

[46] Shpirt M Y, Stopani O I, Lebedeva L N, et al. Germanium production technology based on the conversion of germanium-bearing lignites [J]. Solid Fuel Chemistry, 2020, 54 (3): 1-10.

[47] Nozoe A, Ohto K, Kawakita H. Germanium recovery using catechol complexation and permeation through an anion-exchange membrane [J]. Separation Science and Technology, 2012, 47 (1): 62-65.

[48] Schreiter N, Aubel I, Bertau M. Extractive recovery of germanium from plant biomass [J]. Chemie Ingenieur Technik, 2017, 89 (1/2): 117-126.

[49] Nusen S, Zhu Z W, Chairuangsri T, et al. Recovery of germanium from synthetic leach solution of zinc refinery residues by synergistic solvent extraction using LIX 63 and Ionquest 801 [J]. Hydrometallurgy, 2015, 151 (1): 122-132.

[50] Ofori P, Hodgkinson J, Khanal M, et al. Potential resources from coal mining and combustion waste: Australian perspective [J]. Environment, Development and Sustainability, 2023, 25 (7): 10351-10368.

[51] Sahoo P K, Kim K, Powell M A, et al. Recovery of metals and other beneficial products from coal fly ash: a sustainable approach for fly ash management [J]. International Journal of Coal Science & Technology, 2016, 3 (8): 267-283.

[52] Pratima Meshram, Abhilash. Strategies for recycling of primary and secondary resources for germanium extraction [J]. Mining, Metallurgy & Exploration, 2022, 39 (1): 689-707.

[53] Stuhlpfarrer P, Luidold S, Antrekowitsch H. Recycling potential of special metals like indium, gallium and germanium [C]//European Metallurgical Conference, 2013.

[54] Qi H W, Hu R Z, Zhang Q. REE geochemistry of the cretaceous lignite from wulantuga germanium deposit, Inner Mongolia, northeastern China [J]. International Journal of Coal Geology, 2007, 71 (2/3): 329-344.

[55] Hoell R, Kling M, Schroll E. Metallogenesis of germanium: a review [J]. Ore Geology Reviews, 2007, 30 (3/4): 145-180.

[56] Roosendael S V, Roosen J, Banerjee D, et al. Selective recovery of germanium from iron-rich solutions using a supported ionic liquid phase (SILP) [J]. Separation and Purification Technology, 2019, 221 (8): 83-92.

[57] Bayat S, Aghazadeh S, Noaparast M, et al. Germanium separation and purification by leaching and precipitation [J]. Journal of Central South University, 2016, 23 (9): 2214-2222.

[58] Scoyer J, Guislanin H, Wolf H U. Germanium and germanium compounds in ullmann's encyclopedia of industrial chemistry [M]. Weinheim: Wiley-VCH Verlag GmbH & Co, 1987: 523.

[59] Wang S B, Wang X. Potentially useful elements (Al, Fe, Ga, Ge, U) in coal gangue: a case study in Weibei coal mining area, Shaanxi Province, northwestern China [J]. Environmental Science and Pollution Research, 2018, 25 (2): 11893-11904.

[60] Song Q M, Zhang L G, Xu Z M. Kinetic analysis on carbothermic reduction of GeO_2 for germanium recovery from waste scraps [J]. Journal of Cleaner Production, 2019, 207 (1): 522-530.

[61] Pu S, Duan X. Recovery of germanium from distillation residue slags [J]. Materials Research & Application, 2008, 2 (2): 145-147.

[62] Pu S, Lan Y, Zhu Z, et al. Technological study on germanium recovery from germanium-containing polymetallic materials [J]. Rare Metals & Cemented Carbides, 2015, 43 (6): 19-23.

[63] Takemura H, Morisada S, Ohto K, et al. Germanium recovery by catechol complexation and

subsequent flow through membrane and bead-packed bed column [J]. Journal of Chemical Technology & Biotechnology, 2013, 88 (8): 1468-1472.

[64] Taylor S R, McLennan S M. The continental crust: its composition and evolution [M]. Oxford: Blackwell Scientific Publications, 1985: 67.

[65] Thomas S G, Johnson E S, Tracy C, et al. Fabrication and characterization of InGaP/GaAs heterojunction bipolar transistors on GOI substrates [J]. IEEE Electron Device Letters, 2005, 26 (7): 438-440.

[66] Torma A E. Method of extracting gallium and germanium [J]. Mineral Processing and Extractive, 1991 (3): 235-258.

[67] Etschmann B, Liu W H, Li K, et al. Enrichment of germanium and associated arsenic and tungsten in coal and roll-front uranium deposits [J]. Chemical Geology, 2017, 463 (7): 29-49.

[68] Turan M D, Sari Z A, Miller J D. Leaching of blended copper slag in microwave oven [J]. Transactions of Nonferrous Metals Society of China, 2017, 27 (6): 1404-1410.

[69] Salikhov V A, Fedoseev S V. Comprehensive use of coal and coal waste: theoretical aspects [J]. Coke and Chemistry, 2023, 66 (8): 247-252.

[70] Dyskin V G, Dzhanklych M U. On the stability of the optical properties of an antireflection coating for solar cells based on a mixture of germanium with germanium oxide [J]. Applied Solar Energy, 2021, 57 (1): 252-254.

[71] Washio K. SiGe HBT and BiCMOS technologies for optical transmission and wireless communication systems [J]. IEEE Transactions on Electron Devices, 2003, 50 (3): 656-668.

[72] James W D, Acevedo L E. Trace element partitioning in Texas lignite combustion [J]. Journal of Radioanalytical and Nuclear Chemistry, 1993, 171 (7): 287-302.

[73] Gao X, Xu M, Hu Q, et al. Leaching behavior of trace elements in coal spoils from Yangquan coal mine northern China [J]. Journal of Earth Science, 2016, 27 (5): 891-900.

[74] Xu D, Chen Y W, Guo H, et al. Review of germanium recovery technologies from coal [J]. Applied Mechanics and Materials, 2013, 423/424/425/426: 565-573.

[75] Zhang L B, Guo W Q, Peng J H, et al. Comparison of ultrasonic-assisted and regular leaching of germanium from by-product of zinc metallurgy [J]. Ultrasonics Sonochemistry, 2016, 31: 143-149.

[76] Zhang L G, Song Q M, Xu Z M. Thermodynamics, kinetics model, and reaction mechanism of low-vacuum phosphate reduction process for germanium recovery from optical fiber scraps [J]. ACS Sustainable Chemistry & Engineering, 2019, 7 (2): 2176-2186.

[77] Zhao L K, Huang H M. Discussion on extraction technology of germanium from smoke dust containing germanium [J]. Rare Metals, 2006, 30 (6): 111-113.

[78] Zhou Z A, Chu G, Gan H X, et al. Ge and Cu recovery from precipitating vitriol supernatant in zinc plant [J]. Transactions of Nonferrous Metals Society of China, 2013, 23 (5):

1506-1511.

[79] Klika Z, Ambružová L, Sýkorová I, et al. Critical evaluation of sequential extraction and sink-float methods used for the determination of Ga and Ge affinity in lignite [J]. Fuel, 2009, 88 (10): 1834-1841.

[80] 敖卫华, 黄文辉, 马延英, 等. 中国煤中锗资源特征及利用现状 [J]. 资源与产业, 2007, 9 (5): 16-18.

[81] 白光辉, 滕玮, 孙亦兵, 等. 粉煤灰酸法提镓探索研究 [J]. 应用化工, 2008, 37 (7): 757-759.

[82] 包文东, 胡德才, 普世坤, 等. 提锗废渣资源化技术及应用 [Z]. 云南省: 云南临沧鑫圆锗业股份有限公司, 2016.

[83] 曹洪杨, 陈冬冬, 饶帅, 等. 低品位含锗褐煤烟尘一次富集提锗工艺研究 [J]. 有色金属 (冶炼部分), 2019 (12): 29-32, 43.

[84] 钞晓光, 李依帆, 张云峰, 等. 煤中锗的资源分布及其提取工艺研究进展 [J]. 矿产综合利用, 2020 (4): 21-25.

[85] 陈黎文. 锗催化剂在聚酯生产中的特殊性 [J]. 合成技术及应用, 1998, 13 (3): 46-49.

[86] 陈世明, 李学全, 黄华堂, 等. 从硫酸锌溶液中萃取提锗 [J]. 云南冶金, 2002, 31 (3): 101-105.

[87] 陈宇乾. 微波焙烧预处理-超声波辅助浸出锗精矿的基础研究 [D]. 昆明: 昆明理工大学, 2018.

[88] 程明宇, 潘高, 黄义威, 等. 微波辅助盐酸浸出废弃荧光粉中的稀土元素钇和铕 [J]. 金属矿山, 2022 (5): 153-159.

[89] 程峥明, 潘文, 安钢, 等. 铁矿粉制粒黏结特性的研究与生产应用 [J]. 烧结球团, 2019, 44 (6): 12-16.

[90] 褚乃林. 锗在信息高速传输主体——光导纤维中的应用前景 [J]. 稀有金属, 1998, 22 (5): 369-374.

[91] 邓耿. 元素性质与其应用之间的关系: 以锗元素为例 [J]. 化学教学, 2022 (1): 89-92.

[92] 邓孟俐, 谢冰. 锌冶炼工艺过程中铟、锗的综合回收 [J]. 稀有金属与硬质合金, 2007, 35 (2): 21-24.

[93] 杜国山, 羡鹏飞, 唐建文, 等. 含锗烟尘中锗富集工业化研究 [J]. 有色设备, 2020, 34 (4): 20-23, 27.

[94] 冯林永, 雷霆, 杨显万, 等. 含锗褐煤的利用现状 [J]. 中国有色冶金, 2006 (4): 50-53.

[95] 冯林永, 雷霆, 张家敏, 等. 从褐煤中提取锗及洗选焦炭 [J]. 有色金属, 2009, 61 (3): 98-100, 108.

[96] 冯林永, 雷霆, 张家敏, 等. 含锗褐煤综合利用新工艺研究 [J]. 有色金属 (冶炼部分), 2008 (5): 35-37.

[97] 冯雪凤，金卫根．锗化合物的生理效应及其合成应用 [J]．食品科技，2006（12）：177-181.

[98] 符秀锋，徐本军，黄彩娟．微波碱溶法从粉煤灰中浸出硅、铝的试验研究 [J]．湿法冶金，2014，33（3）：196-198.

[99] 高晓云，陈萍．粉煤灰的基本性质与综合利用现状及发展方向 [J]．能源环境保护，2012，26（4）：5-7.

[100] 龚利凤．柿单宁复合材料及功能化二氧化钛对 Ge（Ⅳ）的吸附研究 [D]．沈阳：辽宁大学，2018.

[101] 巩志坚，靳瑛，王志忠．提高煤灰中锗含量的方法与分析 [J]．煤炭加工与综合利用，1997（2）：39-40.

[102] 郭栋清．超声波强化浸出氧化焙烧渣中锗的动力学实验研究 [D]．昆明：昆明理工大学，2018.

[103] 郝小华，徐树英，张玉苍，等．微波加热浸出法从钛铁矿中提取钛 [J]．有色金属（冶炼部分），2016（10）：20-24.

[104] 黄和明，杭清涛，袁承乾，等．从含锗富集物中提炼锗的工艺方法探讨 [J]．稀有金属与硬质合金，1999（9）：5-7.

[105] 黄和明，李国辉，杭清涛．从含锗石英玻璃废料中提取锗工艺的探讨 [J]．广东有色金属学报，2006，16（1）：6-7.

[106] 黄和明，赵立奎．高硅含锗物料中锗的提取工艺探讨 [J]．广东有色金属学报，2002，12（S1）：33-35.

[107] 黄琳．用三正辛胺从硫酸体系中萃取锗的机理研究 [D]．贵阳：贵州大学，2008.

[108] 黄少文，刘蓓，李样生，等．酸浸法粉煤灰提锗提铝及材料应用研究 [J]．南昌大学学报（工科版），1999，21（3）：85-90.

[109] 黄文辉，万欢，杜刚，等．内蒙古自治区胜利煤田煤-锗矿床元素地球化学性质研究 [J]．地学前缘，2008，15（4）：56-64.

[110] 胡瑞忠，苏文超，戚华文，等．锗的地球化学、赋存状态和成矿作用 [J]．矿物岩石地球化学通报，2000（4）：215-217.

[111] 江秋月．高铅硅锌渣绿色回收锗铟的新工艺研究 [J]．有色金属（冶炼部分），2014（4）：51-53.

[112] "近程高速目标探测技术"国防重点学科实验室．锗在红外光学行业的应用 [J]．世界有色金属，2010（8）：66-68.

[113] 金明亚，陈少纯，曹洪杨．还原挥发法从低品位含锗煤灰中提取锗 [J]．有色金属（冶炼部分），2015（3）：50-53.

[114] 孔涛，曲韵笙，朱连勤．微量元素锗的生物学功能 [J]．微量元素与健康研究，2007，24（1）：59-60.

[115] 雷霆，张玉林，王少龙．锗的提取方法 [M]．北京：冶金工业出版社，2007.

[116] 李长林，杨再磊，谢高，等．氟化焙烧预处理提取低品位锗精矿中锗的工艺研究 [J]．稀有金属与硬质合金，2017，45（5）：22-26.

[117] 李存国，周红星，王玲，等．火法提取煤中锗燃烧条件的实验研究 [J]．煤炭转化，2008，31（1）：48-50.

[118] 李存兄，顾智辉，李倡纹，等．湿法炼锌溶液中锗的富集与回收研究进展 [J]．昆明理工大学学报（自然科学版），2023，48（2）：1-9.

[119] 李丹，李彪．痕量锗的分析进展 [J]．冶金分析，2010，30（12）：33-38.

[120] 李冬玲，刘海忠．锗及有机锗生理功能 [J]．肉品卫生，2002（7）：41-42.

[121] 李芳琴，李建武，代涛，等．锗资源供需形势及回收再利用前景研究 [J]．中国矿业，2019，28（7）：70-74.

[122] 李国娟，曹洪杨．褐煤中伴生低品位锗资源化利用研究进展 [J]．矿产综合利用，2021（2）：52-57.

[123] 李吉连，毛满，俞凌飞．提高湿法炼锌过程中锗的综合回收技术 [J]．云南冶金，2011，40（1）：40-45.

[124] 李俊，田庆华，李栋，等．从二次资源中回收锗的研究进展 [J]．有色金属工程，2020，10（1）：47-54.

[125] 李亮星，黄茜琳．微波辅助硫酸浸出红土镍矿的研究 [J]．中国有色冶金，2012，41（2）：84-86.

[126] 李胜，张一敏，袁益忠，等．微波强化含钒页岩磨矿-浸出试验研究 [J]．中国有色冶金，2023，52（5）：25-33.

[127] 李小英，李永刚，彭建蓉，等．含锗冶炼渣富集锗的试验研究 [J]．矿冶，2013，22（3）：95-98.

[128] 李学亚，叶茜．微生物冶金技术及其应用 [J]．矿业工程，2006，4（2）：49-51.

[129] 李样生，李璠，刘光华．国内外从粉煤灰中提锗现状 [J]．江苏化工，2000，28（12）：23-24.

[130] 李云昌，张文金，王少龙．锗精矿氯化蒸馏工艺的改进 [J]．云南冶金，2006，35（6）：34-35.

[131] 李哲雄，王成彦，尹锡矛，等．从含锗氧化锌烟尘中提取锌锗 [J]．有色金属（冶炼部分），2017（9）：45-47，53.

[132] 黎伟文．铅锌硫化矿中锗的回收利用 [D]．长沙：中南大学，2004.

[133] 梁德华，王成彦，张永禄，等．锌烟灰浸出液中铟和锗的提取 [J]．矿冶，2014，23（4）：76-78.

[134] 梁杰．从含锗烟尘浸出与萃取锗研究 [D]．昆明：昆明理工大学，2009.

[135] 梁杰．火法富集低品位含锗氧化铅锌矿工艺 [J]．有色金属（冶炼部分），1991（4）：32-34，39.

[136] 梁杰，王华．低品位氧化铅锌矿的烟化法富集工艺 [J]．有色金属（冶炼部分），2005（4）：5-7.

[137] 梁杰，郑东升．锗烟尘中锗浸出过程动力学研究 [J]．中国稀土学报，2004，22（S1）：185-187.

[138] 梁精龙，邵雪莹，王乐，等．钙化焙烧-微波酸浸对钢渣中钒铁浸出的影响 [J]．中国

冶金，2023，33（4）：111-118.

[139] 廖彬，刘付朋. 氧化锌烟尘不同浸出体系锗提取行为 [J]. 有色金属科学与工程，2023，14（5）：597-605，658.

[140] 廖为新. 富锗硫化锌精矿氧压酸浸试验研究 [D]. 昆明：昆明理工大学，2008.

[141] 林成. 化学腐蚀碱液中锗的回收工艺 [J]. 再生资源与循环经济，2008，1（10）：26-27.

[142] 林成. 氯化蒸馏废酸还原回收锗 [J]. 再生资源与循环经济，2008，1（2）：36-37.

[143] 林文军. 从烟道灰中综合回收锗、铟的试验研究 [D]. 昆明：昆明理工大学，2006.

[144] 林文军，刘全军. 锗综合回收技术的研究现状 [J]. 云南冶金，2005，34（3）：20-23.

[145] 刘宝芬. 国内外锗浓缩物提取工艺的现状 [M]. 北京：湿法冶金编辑部，1986.

[146] 刘飞燕，朱志敏，沈冰. 我国煤中微量元素的赋存及开发利用 [J]. 资源开发与市场，2005，22（5）：467-469.

[147] 刘福财，袁琴，王铁艳. 煤烟尘制取四氯化锗的研究 [J]. 稀有金属，2011，35（4）：623-626.

[148] 刘俊杰，刘丽霞，彭军，等. 高温二次火法富集粉煤灰中锗的工艺优化 [J]. 稀有金属与硬质合金，2020，48（2）：5-9.

[149] 刘俊杰，彭军，刘丽霞，等. 锗量的分析方法进展 [J]. 无机盐工业，2020，52（3）：17-22.

[150] 刘丽霞，李文挺，彭军，等. 粉煤灰中锗的赋存状态研究 [J]. 稀有金属与硬质合金，2017，45（5）：27-30，36.

[151] 刘丽霞，李文挺，彭军，等. 粉煤灰中锗的高温火法二次富集工艺 [J]. 中国有色金属学报，2018，28（1）：183-188.

[152] 刘丽霞，宋波，彭军，等. SiO_2 对锗尘高温富集-盐酸浸出蒸馏中 Ge 提取的影响 [J]. 稀有金属与硬质合金，2020，48（4）：6-11.

[153] 刘明海，韩翌，李琛，等. 低品位锗铟渣的综合回收工艺研究与应用 [Z]. 广东：深圳市中金岭南有色金属股份有限公司韶关冶炼厂，2012.

[154] 刘世友. 锗的应用与发展前景 [J]. 稀有金属与硬质合金，1992（108）：53-55.

[155] 刘树立. 保证生石灰消化时间改善烧结混合料制粒 [J]. 烧结球团，1994（2）：36-37.

[156] 刘晓鸿，马尧，黄松. 试论微波技术在冶金工程中的运用 [J]. 科技风，2018（6）：107.

[157] 刘延红，郭昭华，池君洲，等. 镓回收方法与技术的研究与进展 [J]. 稀有金属与硬质合金，2016，44：（1）：1-8.

[158] 刘野平，伏志宏，胡东风，等. 锌冶炼置换-酸浸渣直接高温挥发法回收锗 [J]. 矿冶，2022，31（4）：102-107.

[159] 刘阅，高孟朝，汪洋. 饱和法回收四氯化锗水解母液中的锗和氯化氢 [J]. 现代冶金，2011，39（3）：17-19.

[160] 龙正江，毛世丽，赵勇. 川南煤田古叙矿区石屏一矿煤中锗、镓元素分布特征及其影响因素 [J]. 四川地质学报，2023，43（S1）：8-13.

[161] 卢家烂，庄汉平. 临沧超大型锗矿床的沉积环境、成岩过程和热液作用与锗的富集 [J]. 地球化学通报，2000，29（1）：36-42.

[162] 卢宇飞，雷霆，王少龙. 制备光纤用 GeCl₄ 工艺技术研究 [J]. 云南冶金，2010，39（5）：48-53.

[163] 罗道成. 低品位含锗褐煤中锗的微生物浸出研究 [J]. 煤化工，2007，35（4）：44-47.

[164] 吕伯康，刘洋. 锌渣浸出渣高温挥发富集铟锗试验研究 [J]. 南方金属，2007（3）：7-9.

[165] 吕早生，张路平，帅清昱，等. 粉煤灰中镓富集与浸出工艺研究 [J]. 化学与生物工程，2014，31（7）：66-69.

[166] 马喜红. 浸锌渣中锗的综合回收基础研究 [D]. 长沙：中南大学，2012.

[167] 聂长明，李忠海，刘元，等. 锗的提取与应用 [J]. 无机盐工业，1994（2）：19-20，24.

[168] 牛建兵，赵巍，赵永和，等. 盐酸浸出蒸馏法提取氯化铵焙烧浸渣中锗的研究 [J]. 天中学刊，2008，23（5）：24-26.

[169] 潘晴，蒋小燕. 锗煤矿中金属元素化学特性分析研究 [J]. 中国高新技术企业，2009（22）：55-56.

[170] 彭伟校. 氯化蒸馏残渣回收锗工艺研究 [J]. 有色金属（冶炼部分），2017（1）：53-56.

[171] 皮义仁. 富锗-铜铅渣硫酸浸出锗、铜实验及动力学研究 [D]. 南昌：南昌大学，2010.

[172] 普世坤，段鑫敏. 从氯化蒸馏残渣中回收锗的研究 [J]. 材料研究与应用，2008，2（2）：145-147.

[173] 普世坤，何贵. 太阳能电池用锗单晶片加工废料综合回收利用研究 [J]. 云南冶金，2011，40（6）：31-34.

[174] 普世坤，兰尧中. 从粉煤灰中回收锗的湿法工艺研究 [J]. 稀有金属与硬质合金，2012，40（5）：15-17，62.

[175] 普世坤，兰尧中，刀才付. 盐酸蒸馏-磷酸三丁酯萃取法从锗煤烟尘中综合回收锗和镓 [J]. 稀有金属材料与工程，2014，43（3）：752-756.

[176] 普世坤，兰尧中. 碱氧化预处理蒸馏分离回收还原精矿中的锗 [J]. 有色金属（冶炼部分），2015（12）：38-41.

[177] 普世坤，兰尧中，靳林，等. 提高含锗煤烟尘氯化蒸馏回收率的工艺研究 [J]. 稀有金属，2012，36（5）：817-821.

[178] 普世坤，兰尧中，朱知国，等. 从含锗多金属物料中回收锗的工艺研究 [J]. 稀有金属与硬质合金，2015，43（6）：19-23.

[179] 普世坤. 热还原-真空挥发富集提取锗研究 [D]. 上海：上海大学，2016.

[180] 普世坤，严云南，兰尧中. 氢氧化钠预处理-盐酸蒸馏法回收锗的工艺研究 [J]. 昆明理工大学学报（自然科学版），2012，37（2）：19-22.

[181] 普世坤，严云南，兰尧中. 铟精矿中铟等金属的综合回收工艺研究 [J]. 中国有色冶

金, 2012, 41 (5): 67-69.

[182] 戚华文, 胡瑞忠, 漆亮. 低温含锗溶液与泥炭和褐煤相互作用实验研究 [J]. 中国科学 (D辑: 地球科学), 2005, 35 (5): 428-433.

[183] 戚华文, 胡瑞忠, 苏文超, 等. 临沧锗矿含碳硅质灰岩的成因及其与锗成矿的关系 [J]. 地球化学, 2002, 31 (2): 161-168.

[184] 郗亚娜, 王相龙, 蒋孟欣, 等. 水分对富矿粉烧结制粒的影响机制 [J]. 钢铁研究学报, 2023, 35 (5): 532-540.

[185] 秦身钧, 徐飞, 崔莉, 等. 煤型战略关键微量元素的地球化学特征及资源化利用 [J]. 煤炭科学技术, 2022, 50 (3): 1-38.

[186] 邱光文. 含锗氧化锌烟尘中综合回收锗锌工艺 [J]. 云南冶金, 2000, 6 (3): 17-21.

[187] 阮琼, 吴绍华, 王萍, 等. 从碱性腐蚀液中回收锗的实验探究 [J]. 云南师范大学学报 (自然科学版), 2008, 28 (3): 50-52.

[188] 桑永亮, 康凯. 云南锗业: 资源技术铸就锗业龙头 [J]. 中国金属通报, 2010 (21): 34-35.

[189] 申正伟, 蔡书慧, 赵靖文. 我国锗资源开发利用现状及可持续发展对策 [J]. 矿业研究与开发, 2015, 35 (11): 108-112.

[190] 苏立峰, 林江顺, 李相良. 稀散金属镓锗提取新工艺研究 [J]. 中国资源综合利用, 2013, 31 (10): 7-9.

[191] 孙家跃, 杜海燕. 无机材料制造与应用 [M]. 北京: 化学工业出版社, 1986.

[192] 孙玉才. 浅析褐煤火法冶炼提锗技术的现状及改进措施 [J]. 内蒙古科技与经济, 2016 (9): 74-75.

[193] 谈发堂, 漆慕峰. 一种从含锗玻璃中回收锗的方法 [Z]. 湖北: 湖北联合贵稀资源再生科技有限公司, 2015.

[194] 唐海龙. 锌锗分离萃取过程的工艺研究 [D]. 贵州: 贵州大学, 2008.

[195] 唐鸿鹄, 刘丙建, 王翠, 等. 煤及其副产物中锗的提取利用研究进展 [J]. 有色金属 (冶炼部分), 2023 (8): 60-71.

[196] 唐建文, 黄伟兵, 羡鹏飞, 等. 含锗煤烟灰高温还原挥发试验研究 [J]. 有色冶金节能, 2020, 36 (6): 30-33.

[197] 唐永兴, 姜中宏. 用相图原理研究玻璃结构和性质 (Ⅱ) 核磁共振谱研究锂硼硅、镉硼锗和锂硼碲玻璃结构 [J]. 光学学报, 1990, 10 (12): 1107-1114.

[198] 田琴芝, 陈绍强, 张观清. 新型铜、锗萃取剂的性能研究 [C]//全国第二届湿法冶金学术会议论文集 (下册), 长沙, 1991.

[199] 仝一喆. 硫化锌精矿加压氧浸炼锌工艺过程锗的强化富集 [J]. 稀有金属与硬质合金, 2018, 46 (3): 10-12, 48.

[200] 佟志芳, 毕诗文, 于海燕, 等. 微波作用下铝酸钙炉渣非等温浸出动力学 [J]. 中国有色金属学报, 2006, 16 (2): 357-362.

[201] 王昌. 从锌厂滤渣中回收锗和其他有价金属 [J]. 世界有色金属, 2009 (10): 26-29.

[202] 王海北, 林江顺, 王春, 等. 新型镓锗萃取剂 G315 的应用研究 [J]. 广东有色金属学

报，2005，15（1）：8-11.

[203] 王洪江，罗恒．火湿法联合工艺处理锗蒸馏残渣［J］．广东有色金属学报，2002，12（S1）：44-50.

[204] 王丽萍，李超，李世春．粉煤灰中稀散金属锗的富集回收技术研究进展［J］．稀有金属与硬质合金，2022，50（6）：27-32.

[205] 王玲．褐煤中提取锗的工艺研究［D］．唐山：河北理工学院，2004.

[206] 王玲，李存国．褐煤中锗高效提取的实验研究［J］．中国煤炭，2005，31（12）：52-53，71.

[207] 王玲，张云鹏．煤中锗提取的方法与分析［J］．煤炭加工与综合利用，2003（6）：40-42，60.

[208] 王纪．溶剂萃取法回收锗［J］．湿法冶金，2000，19（1）：30.

[209] 王继民，曹洪杨，陈少纯，等．氧压酸浸炼锌流程中置换渣提取锗镓铟［J］．稀有金属，2014，38（3）：471-479.

[210] 王吉坤，何蔼平．现代锗冶金［M］．北京：冶金工业出版社，2005.

[211] 王继胜．使用过氧化氢提取四氯化锗的研究和探讨［J］．科技传播，2010（19）：103，105.

[212] 王少龙，李云昌．锗蒸馏残液的环保处理工艺研究［J］．稀有金属，2007，31（4）：581-584.

[213] 王少龙，彭明清，赵永波，等．从四氯化锗水解母液中回收锗［J］．矿冶工程，2008，28（2）：69-71.

[214] 王涛，张新军．煤中伴生矿产赋存状态及提取方法综述［J］．矿产综合利用，2019（4）：21-25.

[215] 王铁艳，韩国华，樊宇红，等．光纤用 $GeCl_4$ 的质量进展［J］．稀有金属，1999，23（2）：131-136.

[216] 王万坤，王福春，梁杰．微波碱性焙烧—水溶含锗氧化锌烟尘回收锗［J］．矿产保护与利用，2017（6）：26-31.

[217] 王向阳．高锗铜合金中的锗和铜的综合回收工艺的研究［J］．化工管理，2015（11）：201.

[218] 王晓丹，李洪冀．有色金属行业深度研究报告之四——锗：中国供给决定全球的供需格局［EB/OL］．深圳：招商证券，2010-11-03.

[219] 王晓华，陶龙政，郑永萍．燃煤飞灰氯化浸出提取锗的研究［J］．内蒙古石油化工，2007（8）：11-12.

[220] 王小能．氧化焙烧渣中锗在 $HCl-CaCl_2-H_2O$ 体系中的浸出工艺及动力学研究［D］．长沙：中南大学，2012.

[221] 王梓澎，邓志敢，陈春林，等．氧化锌烟尘浸出液中锗的分离富集［J］．中南大学学报（自然科学版），2023，54（8）：2992-3003.

[222] 汪洋，王向阳，黄和明．从铅锌生产尾料中综合回收锗镓铟［J］．材料研究与应用，2014，8（3）：196-202.

[223] 伍锡军. 国内外锗和铟回收工艺的发展 [J]. 稀有金属, 1995, 19 (3): 218-223.

[224] 吴慧. 从氧化锌粉中综合回收铟、锗的实践应用 [D]. 昆明: 昆明理工大学, 2007.

[225] 吴萍萍, 张泽武, 陈建定. 成纤性粉煤灰的低熔区组成及分布 [J]. 化工学报, 2017, 68 (5): 1767-1772.

[226] 吴绪礼. 锗及其冶金 [M]. 北京: 冶金工业出版社, 1988.

[227] 吴雪兰, 蔡江松. 从锌浸出渣中综合回收镓锗的技术研究及进展 [J]. 湿法冶金, 2007, 6 (2): 71-74.

[228] 无机化学教研组. 无机化学 [M]. 北京: 高等教育出版社, 1999.

[229] 向浩, 马梦雨, 李昶宜, 等. 微波辅助酸浸实现磷石膏中稀土元素有效浸出 [J]. 中国有色冶金, 2023, 52 (5): 121-127.

[230] 谢容生, 罗柏青, 王春香. 微波强化辅助浸出铜冶炼酸泥中硒的试验研究 [J]. 云南冶金, 2022, 51 (3): 92-95, 105.

[231] 熊浩, 普世坤, 邵雨萌, 等. 从含锗烟尘中富集提取锗的工艺研究 [J]. 稀有金属与硬质合金, 2023, 51 (5): 22-27.

[232] 徐冬, 陈毅伟, 郭桦, 等. 煤中锗的资源分布及煤伴锗提取工艺的研究进展 [J]. 煤化工, 2013, 41 (4): 53-57.

[233] 徐凤琼, 刘云霞. 用粗二氧化锗制取高纯锗 [J]. 稀有金属, 1998, 22 (5): 345-349.

[234] 杨芳芳, 梁明, 狄浩凯, 等. 从锌锗浸出液中提取锗的研究进展 [J]. 昆明理工大学学报 (自然科学版), 2021, 46 (1): 9-17.

[235] 杨永斌, 钟强, 李骞, 等. 硅冶炼粉料冷压造块工艺研究 [J]. 矿冶工程, 2014, 34 (2): 87-90.

[236] 杨永强, 王成彦, 杨玮娇, 等. 锌烟灰焙砂浸出铟、锗、锌的研究 [J]. 有色金属 (冶炼部分), 2014 (7): 11-13.

[237] 杨再磊, 李长林, 谢高, 等. 乳化氧化预处理-氯化蒸馏法回收锗的工艺研究 [J]. 中国有色冶金, 2018, 47 (1): 58-61.

[238] 阳海燕, 胡岳华. 稀散金属镓锗在选冶回收过程中的富集行为分析 [J]. 湖南有色金属, 2003, 19 (6): 16-18.

[239] 姚金环, 丘雪萍, 李延伟, 等. 微波辅助浸出铁矾渣中锌的试验研究 [J]. 湿法冶金, 2017, 36 (3): 188-192.

[240] 易飞鸿, 奚长生. 国内外稀散元素镓铟锗的提取技术 [J]. 广东化工, 2003 (2): 61-64.

[241] 易飞鸿, 彭翠红, 王坚, 等. 从中和渣提取锗的研究 [J]. 韶关学院学报, 2003, 24 (3): 89-92.

[242] 叶霖, 韦晨, 胡宇思, 等. 锗的地球化学及资源储备展望 [J]. 矿床地质, 2019, 38 (4): 711-728.

[243] 余霞. 微波强化焙烧含锗中浸渣回收锗的工艺研究 [D]. 昆明: 昆明理工大学, 2017.

[244] 余霞, 李静, 郭栋清, 等. 微波氧化焙烧含锗硬锌渣试验研究 [J]. 矿冶, 2017, 26 (6): 43-46.

[245] 张爱华. 氯化蒸馏渣中锗提取技术的研究和利用 [J]. 有色矿冶, 2009, 25 (4): 35-36.

[246] 张爱华, 谢天敏, 许金斌, 等. 有机锗废液中锗的回收 [J]. 矿冶工程, 2011, 31 (6): 95-97.

[247] 张家敏, 雷霆, 张玉林, 等. 从含锗褐煤中干馏提锗和制取焦炭的试验研究 [J]. 稀有金属, 2007, 31 (3): 371-375.

[248] 张琳叶, 孙勇, 刘晓彬, 等. 微波强化浸出含铟锌浸渣中铟的非等温动力学研究 [J]. 矿冶工程, 2014, 34 (6): 76-80.

[249] 张灵恩. 固体废弃物中稀散金属锗、镓和铟的富集、真空分离提取机制与工艺研究 [D]. 上海: 上海交通大学, 2018.

[250] 张乾, 朱笑青, 高振敏, 等. 中国分散元素富集与成矿研究新进展 [J]. 矿物岩石地球化学通报, 2004, 24 (4): 342-349.

[251] 张声俊. 褐煤中共伴生元素锗的提取技术 [J]. 安顺学院学报, 2011, 13 (3): 124-126.

[252] 张羡夫, 魏庆敏. 压蒸养护水泥固结球团的理论和实验 [J]. 河北理工学院学报, 2005, 27 (1): 92-96, 104.

[253] 张小东, 赵飞燕. 粉煤灰中镓提取与净化技术的研究 [J]. 煤炭技术, 2018, 37 (11): 336-339.

[254] 张小东, 赵飞燕, 郭昭华, 等. 煤中稀有金属锗的提取技术研究进展 [J]. 无机盐工业, 2018, 50 (2): 16-19.

[255] 张兴德, 赵秀丽, 程玉峰. 锗在红外技术上的应用和发展趋势 [J]. 稀有金属, 1988 (6): 49-54.

[256] 张亚萍. 锗单晶片的表面化学腐蚀研究 [D]. 杭州: 浙江理工大学, 2010.

[257] 张致远, 滕道光, 曹亦俊, 等. 煤系锗的赋存与分离研究进展 [J]. 矿产保护与利用, 2022, 42 (6): 10-20.

[258] 赵立奎, 黄和明. 含锗烟尘中锗的提取工艺方法探讨 [J]. 稀有金属, 2006, 30 (6): 111-113.

[259] 郑能瑞. 锗的应用与市场分析 [J]. 广东微量元素科学, 1998, 5 (2): 12-18.

[260] 周虹, 刘建, 吴书凤. 泡沫塑料法在高浓度盐酸溶液中吸附回收锗 [J]. 应用化工, 2011, 40 (11): 1871-1874.

[261] 周建, 朱利亚, 赵青. 锗分析方法的研究进展 [J]. 理化检验-化学分册, 2012, 2 (48): 122-127.

[262] 周娟. 富锗硫化锌精矿加压浸出—萃取综合回收锗的工艺研究 [D]. 昆明: 昆明理工大学, 2008.

[263] 周娟, 王吉坤, 李勇. 富锗硫化锌精矿浸出液萃取回收锗 [J]. 有色金属 (冶炼部分), 2009 (5): 25-27.

[264] 周令治, 陈少纯. 稀散金属当前态势 [J]. 材料研究与应用, 2007, 1 (2): 82-87.

[265] 周兆安. 从湿法炼锌系统中富集回收锗的新工艺研究 [D]. 长沙: 中南大学, 2012.

[266] 周智华, 莫红兵. 稀散金属锗富集回收技术的研究进展 [J]. 中国矿业, 2006, 15 (2): 64-67.

[267] 朱云, 胡汉, 郭淑仙. 微生物浸出煤中锗的工艺 [J]. 稀有金属, 2003, 27 (2): 310-313.

[268] 庄汉平. 锗、银、金大型超大型矿床的有机地球化学研究 [J]. 矿物岩石地球化学通报, 1997, 16 (4): 262-265.

[269] 邹本东, 李晓燕, 陈圆圆, 等. 褐煤中锗的连续化学提取及形态分布研究 [J]. 中国检验检测, 2017, 25 (1): 20-22.

[270] 邹家炎, 陈少纯. 稀散金属产业的现状与展望 [J]. 中国工程科学, 2002, 4 (8): 86-92.

[271] Wang Z Y, Sun J, Zhang L G. Separation and recovery of arsenic, germanium and tungsten from toxic coal ash from lignite by sequential vacuum distillation with disulphide [J]. Environmental Pollution, 2024, 340 (1): 1-10.